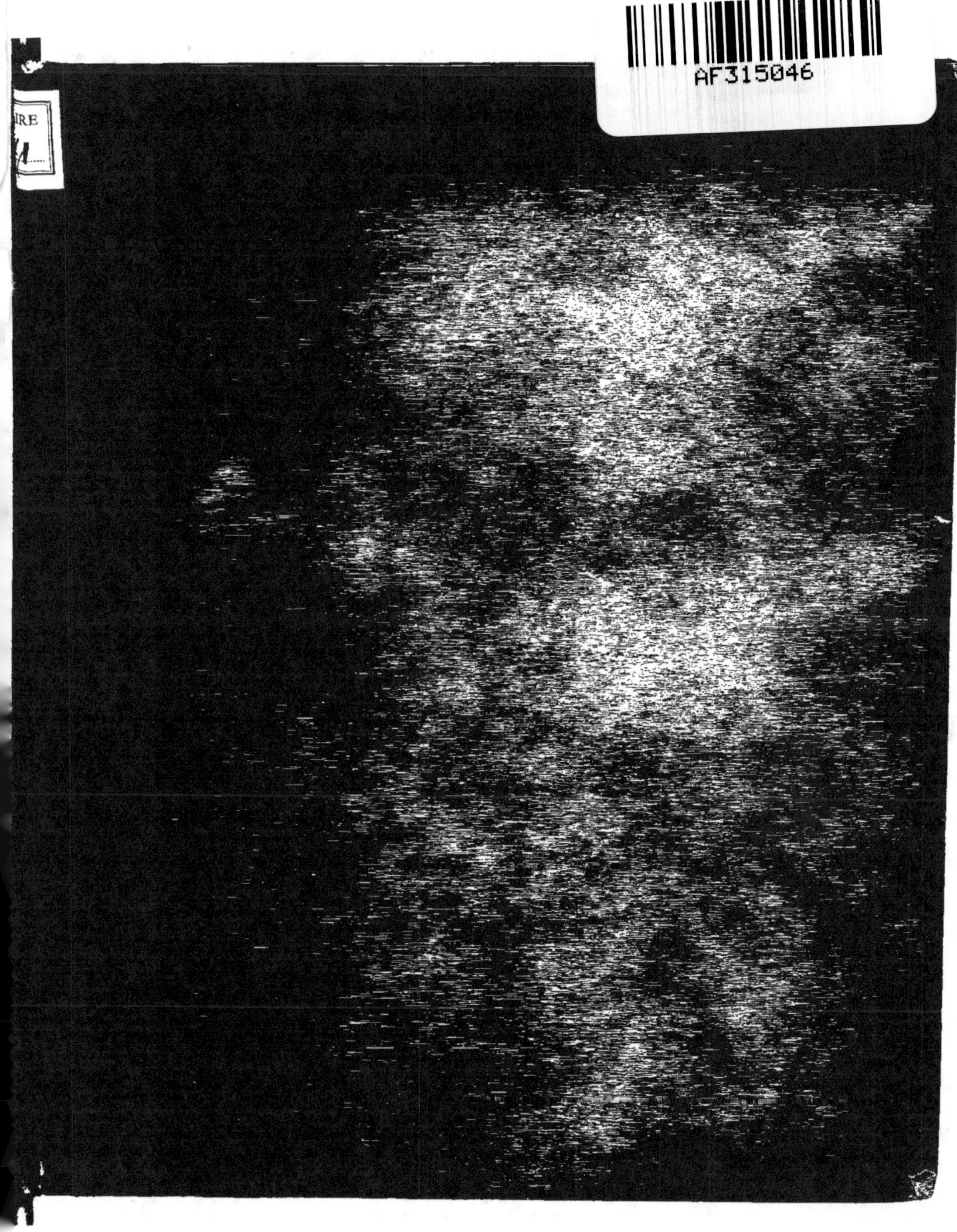

V. 955
A. 12. R.
6871.

V. 955
A. 12. R.
6871.

# PROTOTYPE COMMERCIAL.

Deux exemplaires exigés par la loi du 5 février 1810 ont été déposés; ceux qui ne seraient pas revêtus de l'empreinte de mon cachet, ayant pour légende *Proto-type Commercial*, et au milieu les cinq lettres initiales de mon nom et de mes prénoms, seront réputés contrefaits.

Tout contrefacteur ou débitant de contrefaçons de cet ouvrage, sera poursuivi suivant la rigueur des lois.

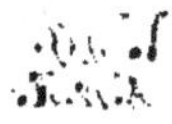

IMPRIMÉ A LYON, CHEZ LOUIS PERRIN.

# Prototype Commercial

OU

## PRATIQUE ÉLÉMENTAIRE

SUR LA FORME, LES RÈGLES ET L'USAGE

# DES LETTRES DE CHANGE,

**DES TRAITES, DES MANDATS, DES BILLETS A ORDRE, DU BILLET SIMPLE
ET DE LA SIMPLE PROMESSE,**

AVEC

DES ARTICLES DU CODE DE COMMERCE, LES MODIFICATIONS SURVENUES DEPUIS SA PUBLICATION,
ET DES QUESTIONS QUI ONT ÉTÉ TRAITÉES PAR LES AUTEURS
OU DÉCIDÉES PAR LES ARRÊTS ;

SUIVI

1º D'un Modèle de compte de retour ;
2º De la Retraite et de son mécanisme ;
3º De l'opération pour connaître l'échéance commune de plusieurs sommes à diverses dates d'échéances ;
4º D'un Tableau raisonné des nombres fixes servant de diviseurs aux divers taux de l'intérêt ;
5º De la Méthode pour résoudre de suite le calcul des intérêts des intérêts ;
6º De la Pratique élémentaire des divers comptes courants avec intérêts ;
7º Des Formules de la lettre de crédit et de la procuration ;
8º De la Rédaction d'un acte de société ;

ET TERMINÉ

Par d'autres Règles didactiques , utiles dans les Comptoirs , et relatives aux Calculs et à la Tenue des Livres ;

Ouvrage indispensable pour ceux qui se destinent au commerce ,
et utile aux Négociants , Cambistes , Teneurs de livres , Capitalistes et Officiers ministériels ;

## Par J. B. B. M. RIGAUDIER, de Lyon.

Consultons le flambeau de l'expérience ,
et ne marchons qu'à sa lueur.
BERTHOLON , t. II , p. 175.

**A LYON,**

CHEZ L'AUTEUR, CHEZ LES PRINCIPAUX LIBRAIRES,

ET CHEZ LOUIS PERRIN, IMPRIMEUR, RUE D'AMBOISE, 6.

1834.

# INTRODUCTION.

Dès l'instant où je conçus l'idée de composer mon Prototype Commercial, je ne me dissimulai point les difficultés sans nombre que j'aurais à vaincre : je l'avoue, une longue habitude des opérations commerciales, et plus encore la pensée consolante de pouvoir être utile, m'ont toujours soutenu dans les longues veilles que j'y ai consacrées.

Offrir au public un ouvrage d'une utilité journalière, sans trop fatiguer son attention ; resserrer dans un cadre nouveau, et aussi étroit que possible, une foule de principes et de faits que leur extrême développement rendrait plus difficiles à concevoir et à retenir : tel est le plan que je me suis tracé.

Je m'attache spécialement à la précision, à la clarté, deux qualités qui me paraissent indispensables pour un ouvrage de pratique élémentaire de ce genre; en un mot, je fais tous mes efforts pour rendre l'idée que je me suis formée de la connaissance des lettres de change, et pour prouver qu'en suivant mes principes, on peut obvier aux inconvénients des contestations judiciaires, qui naissent, le plus souvent, d'une omission ou d'un manque de forme. Dans la marche méthodique que je me trace, j'ai soin de faire accompagner mes exemples des articles du Code de Commerce, avec les modifications survenues depuis sa publication, et des questions qui ont été traitées par les auteurs, décidées par les arrêts, sûrs garants de l'authenticité de ce que j'avance.

Dans ma seconde et troisième partie, je m'applique aussi à réunir, avec ordre et clarté, plusieurs formules nouvelles ; à donner des règles didactiques relatives à l'échéance commune, aux comptes courants, à la tenue des livres, et à présenter un tableau de nombres fixes pour le calcul des intérêts, nouvelle méthode abréviative qui ne peut être appréciée que dans son application.

Enfin, pour rendre mon ouvrage concis et plus intelligible, j'en écarte toutes les longues dissertations des légistes, tous les signes, tous les calculs algébriques, lesquels, quoique inhérents aux usages légaux, embarrassent ou fatiguent plutôt le lecteur qu'ils ne l'instruisent. J'ai voulu être utile ; j'ai fait du moins tous mes efforts pour rendre cet ouvrage instructif et digne de l'attention du public : trop heureux, si j'atteins ce but.

Je termine le volume par un Répertoire, ou Table générale des matières, qui indique la classification que j'ai suivie dans l'ordre et le plan de cet ouvrage ; on devra nécessairement le parcourir dans ses détails, pour trouver ensuite dans la multiplicité des articles qu'il renferme, ceux sur lesquels on doit baser son opération, et pour connaître ceux qu'on ignorerait sans cette recherche.

# PROTOTYPE COMMERCIAL.

## PREMIÈRE PARTIE.

### TITRE PREMIER.

## De l'origine de la Lettre de change.

L'invention de la lettre de change forme dans l'histoire du commerce une époque comparable à celle de la découverte de l'imprimerie par le célèbre Guttenberg, de Mayence, dans l'année 1440; et l'on peut même avancer que ces deux époques sont presque contemporaines, en se reportant à l'ordonnance de Louis xi, roi de France, du mois de mars 1462.

Néanmoins, il importe de connaître les diverses versions que les auteurs ont faites à ce sujet.

D'abord il est reconnu que ce mot de *lettre de change*, qui ne peut être prononcé sans se lier aussitôt par la pensée au commerce, sans rappeler son influence sur le bonheur des peuples, sur la prospérité, la richesse et la puissance des états, était inconnu aux Romains, puisqu'on n'en trouve le moindre vestige ni dans leurs lois ni dans leurs mœurs.

Quelques auteurs, tels que *Giovan, Villani,* dans leur Histoire Universelle, et *Savary*, dans son Parfait Négociant, attribuent l'invention des lettres de change aux juifs, qui furent bannis du royaume sous le règne de Dagobert i, en 640; sous Philippe Auguste, en 1181, et sous Philippe le Long, en 1316. Ils disent que, s'étant retirés en Lombardie, pour avoir l'argent qu'ils avaient déposé entre les mains de leurs amis, ils se servirent du ministère des voyageurs, et des lettres en style concis.

Cette opinion est réfutée par *Dupuis de la Serra*, auteur du Traité des Lettres de Change, parce qu'elle donne l'incertitude de savoir si l'usage des lettres de change a été inventé en 640 ou en 1316, ce qui fait une différence de plus de six cents ans ; et qu'il n'était pas encore probable, d'après les ordonnances sévères rendues contre les juifs, que personne voulût se charger de leur intérêt ; néanmoins tout porte à croire qu'ils prirent des mesures pour récupérer en Lombardie la valeur de leurs biens, ce qu'ils ne pouvaient faire que par le moyen des lettres de change ; par conséquent il y a tout apparence qu'ils en furent les inventeurs.

Les Italiens-Lombards qui commerçaient en France, ayant trouvé cette invention propre à couvrir leurs usures, introduisirent l'usage des lettres de change.

*De Rubys*, dans son Histoire de la ville de Lyon ( page 289 ), l'attribue aux Florentins qui, chassés de leur patrie par les Gibelins, se retirèrent en France, où ils commencèrent le commerce de change pour tirer de leur pays, soit le principal, soit les revenus de leurs biens. Ce sentiment peut coïncider avec celui de *Dupuis de la Serra*, et il est même à croire, d'après l'opinion le plus généralement reçue, que l'usage des lettres de change commença dans la ville de Lyon ; ce qui l'accrédite, c'est que la place où les marchands s'assemblaient dans cette ville pour y faire leurs négociations de lettres de change et autres effets négociables, s'appelle encore aujourd'hui *place du Change*.

Les Gibelins, chassés d'Italie par la faction des Guelfes, s'étant retirés à Amsterdam, se servirent aussi de la voie des lettres de change pour retirer les effets qu'ils avaient en Italie ; ce furent eux pareillement qui inventèrent *le rechange*, quand les lettres qui leur étaient fournies revenaient à protêt. Ensuite les négociants d'Amsterdam répandirent dans toute l'Europe le commerce des lettres de change, et particulièrement en France.

Ainsi, les juifs retirés en Lombardie ont probablement inventé l'usage des lettres de change, et les Italiens et négociants d'Amsterdam en ont établi l'usage en France.

Ce qui est certain, c'est que les Italiens, et particulièrement les Génois et les Florentins, commerçaient en France dès le commencement du treizième siècle, et fréquentaient les foires de Champagne et de Lyon. Philippe le Bel fit, en 1294, une convention avec le capitaine et les corps de ces marchands et changeurs italiens, portant « qu'à chaque livre de petits tournois à quoi mon-« teraient *les contrats de change* qu'ils feraient dans les foires de Champagne « et de Brie, et dans les villes de Paris et de Nîmes, ils paieraient une pite « ( 1|4 de denier) ». Cette convention fut confirmée par les rois Louis le Hutin, Philippe de Valois, Charles v, et Charles vi.

On voit aussi que dès le commencement du quatorzième siècle, il s'était introduit dans le royaume beaucoup de florins, qui étaient la monnaie de Florence ; ce qui provenait sans doute du commerce que les Florentins et autres Italiens faisaient dans le royaume. Mais comme il n'était pas facile aux Florentins et autres Italiens de transporter de l'argent en France pour payer les marchandises qu'ils y achetaient, ni aux Français d'en envoyer en Italie pour payer celles qu'ils en tiraient, ce fut ce qui donna lieu aux Florentins et autres Italiens d'inventer les lettres de change, pour faire tenir de l'argent d'un lieu dans un autre sans le transporter.

Les anciennes ordonnances de Philippe de Valois, du 6 août 1349, n'entendaient par lettres de change que les lettres patentes qu'on accordait comme privilége dans les foires de Brie et de Champagne, pour vendre des marchandises, pour prêt d'argent, et pour tenir publiquement le change des monnaies ; par conséquent il ne fut point question de lettres tirées de place en place, ce qui caractérise essentiellement les lettres de change.

La plus ancienne ordonnance où il est véritablement parlé de ces sortes de lettres, c'est l'édit du roi Louis xi du mois de mars 1462, portant confirmation des foires de Lyon.

L'article 7 ordonne « que comme dans les foires les marchands ont accou-« tumé d'user de changes, arrière-changes et intérêts, toutes personnes de « quelque état, nation ou condition qu'elles soient, puissent donner, prendre « et remettre leur argent par lettres de change, en quelque pays que ce soit, « touchant le fait de marchandise, excepté la nation d'Angleterre, etc. »

L'article suivant ajoute « que si à l'occasion de quelques lettres touchant les « changes ès foires de Lyon, pour payer et rendre argent autre part, ou des « lettres qui seraient faites ailleurs pour rendre de l'argent auxdites foires « de Lyon, lequel argent ne sera pas payé selon lesdites lettres, en faisant « aucune protestation, ainsi qu'ont accoutumé de faire les marchands fré-

« quentant les foires, tant dans le royaume qu'ailleurs ; qu'en ce cas ceux qui
« seront tenus de payer ledit argent, tant pour le principal que pour les dom-
« mages et intérêts, y seront contraints, tant à cause des changes, arrière-
« changes, qu'autrement, ainsi qu'on a coutume de faire ès foires de Pezenas,
« Montignac, Bourges, Genève, et autres foires du royaume ».

On voit par ces dispositions que les lettres de change tirées de place en place
étaient déja en usage, non seulement à Lyon, mais aussi dans les autres foires
et ailleurs.

La juridiction consulaire de Toulouse établie en 1549, celle de Paris établie
en 1563, et les autres qui ont été ensuite établies dans plusieurs autres
villes du royaume, ont entre autres choses pour objet de connaître du fait des
lettres de change entre marchands.

Enfin parut l'ordonnance du mois de mars 1673 sur le commerce. C'est la
première qui ait établi des règles fixes et invariables pour l'usage des lettres de
change, et elle a été ponctuellement suivie jusqu'au 21 septembre 1807, époque
de la promulgation du code actuel.

## TITRE DEUXIÈME.

# Du Timbre.

La loi du 13 brumaire an 7 ( 3 novembre 1798 ) veut que tout effet de
commerce soit écrit sur papier du timbre proportionnel ; la prudence même
l'exige, si l'on ne veut pas être passible , en cas de non-paiement, des droits
de visa pour timbre, d'amende, d'enregistrement et de décime.

Le droit de timbre actuel des effets de commerce est tarifé ainsi qu'il suit :

|  |  |
|---|---|
| 500 f. et au dessous 35 c, | loi du 16 juin 1824, art. 8. |
| 500 à 1000 fr. 70 | |
| 1000 à 2000 1 40 | loi du 28 avril 1816, art. 64 |
| Pour un effet de 2000 à 3000 2 10 | et 67, combinée avec celle |
| 3000 à 4000 2 80 | du 13 brumaire an 7 ( 3 |
| 4000 à 5000 3 50 | novembre 1798 , art. 10 ). |
| 5000 à 6000 4 20 | |

Et ainsi de suite progressivement à raison de 70 c. par 1000 fr. jusqu'à 20000 fr. inclusivement. Pour des sommes plus fortes, on fait viser pour valoir timbre; ce qui équivaut au timbre.

D'après l'article 12 de la loi du 16 juin 1824, on peut, dans l'occasion, se servir, sans amende, des feuilles portant le timbre de dimension à 35 c. pour les effets de 500 fr. et au dessous, et pour ceux de 500 à 1000 fr., des feuilles frappées au timbre de dimension de 70 c.

## DE L'AMENDE.

L'amende pour défaut de timbre est le vingtième de la somme portée sur l'effet de commerce.

Le minimum de cette amende est toujours de 5 fr. pour les sommes au dessous de 100 fr.

L'amende pour un effet de commerce souscrit sur papier d'un timbre inférieur à celui qui aurait dû être employé à raison de la somme y exprimée, n'est due que sur le montant de la somme excédant celle qu'on aurait pu y exprimer sans contravention.

## DE L'ENREGISTREMENT.

Le droit d'enregistrement pour les effets de commerce est tarifé ainsi qu'il suit :

  A 0 fr. 25 c. par 100 fr. pour les lettres de change,
   A 0  50     pour les billets à ordre,
   A 1       pour les billets simples,
   A 2       pour le billet simple, lorsqu'il est souscrit
pour prix de marchandises.

Le minimum du droit d'enregistrement est toujours de 25 c. lorsque le droit proportionnel n'atteint pas cette somme.

La perception des droits d'enregistrement suit les sommes et valeurs de 20 en 20 fr. inclusivement :

Par exemple, le droit d'enregistrement d'une lettre de change de 210 fr. sera perçu sur une valeur de 220 fr., et celui de 321 fr. sur celle de 340 fr.

## DU DÉCIME.

Il est perçu, à titre de subvention, un décime par franc sur les amendes et les droits d'enregistrement.

On ne peut faire protester une lettre de change sur papier libre sans avoir préalablement fait apposer le visa pour valoir timbre, et sans avoir acquitté l'amende.

### PREMIER EXEMPLE.

*Pour une Lettre de change de 6000 fr.*

| | | |
|---|---|---|
| Le visa pour timbre. . . . . . . . . . . . . . . . . . . . . | 4 fr. | 20 c. |
| L'amende, le vingtième . . . . . . . . . . . . . . . . . . . | 300 | » |
| Droit d'enregistrement, à 25 c. par 100. . . . . . . . . . | 15 | » |
| Le décime, sur 315 fr. . . . . . . . . . . . . . . . . . . . | 31 | 50 |
| | 350 fr. | 70 c. |

### IIe EXEMPLE.

*Pour un Billet à ordre de 60 fr.*

| | | |
|---|---|---|
| Le visa pour timbre. . . . . . . . . . . . . . . . . . . . . . . . | » fr. | 35 c. |
| L'amende, le minimum. . . . . . . . . . . . . . . . . . . . . . | 5 | » |
| Droit d'enregistrement, à 50 c. . . . . . . . . . . . . . . . . | » | 30 |
| Le décime, sur 5 fr. 30 c. . . . . . . . . . . . . . . . . . . . . | » | 53 |
| | 6 fr. | 18 c. |

### IIIe EXEMPLE.

*Pour un Billet à ordre de 210 fr.*

| | | |
|---|---|---|
| Le visa pour timbre . . . . . . . . . . . . . . . . . . . . . . . | » fr. | 35 c. |
| L'amende, le vingtième. . . . . . . . . . . . . . . . . . . . . | 10 | 50 |
| Droit d'enregistrement à 50 c. pour 100, sur 220 fr. . . . | 1 | 10 |
| Le décime, sur 11 fr. 60 c. . . . . . . . . . . . . . . . . . . | 1 | 16 |
| | 13 fr. | 11 c. |

### IVᵉ EXEMPLE.

*Pour un Billet simple de 321 fr.*

| | | |
|---|---|---|
| Le visa pour timbre. . . . . . . . . . . . . . . . . . . . | » fr. | 35 c. |
| L'amende, le vingtième. . . . . . . . . . . . . . . . . | 16 | 05 |
| Droit d'enregistrement à 1 fr. sur 340 fr. . . . . . . . . | 3 | 40 |
| Le décime, sur 19 fr. 45 c. . . . . . . . . . . . . . . . | 1 | 94 |
| | **21 fr.** | **74 c.** |

### Vᵉ EXEMPLE.

*Pour un Billet simple de 400 fr. souscrit pour prix de marchandises, et lorsque l'espèce y est désignée.*

| | | |
|---|---|---|
| Le visa pour timbre. . . . . . . . . . . . . . . . . . . | » fr. | 35 c. |
| L'amende, le vingtième. . . . . . . . . . . . . . . . . | 20 | » |
| Droit d'enregistrement à 2 fr. . . . . . . . . . . . . . | 8 | » |
| Le décime, sur 28 fr. . . . . . . . . . . . . . . . . . | 2 | 80 |
| | **31 fr.** | **15 c.** |

Et enfin, ainsi de suite, suivant les sommes et la stipulation des effets.

Tout effet venant de l'étranger doit être fait visé pour timbre, avant la circulation, par le premier endosseur français, s'il ne veut encourir les frais d'amende de 25 c. pour 100 fr. (*Article* 50 *de la loi du* 28 *avril* 1816.)

## DE L'ALTÉRATION DU TIMBRE.

L'article 21 de la loi du 13 brumaire an 7 (3 novembre 1798), porte que l'empreinte du timbre ne pourra être couverte d'écriture ni altérée, sauf le revers du timbre.

L'article 26 de la même loi prononce pour cette contravention l'amende de 15 fr. Cet article a été modifié par l'article 10 de la loi du 16 juin 1824, qui réduit cette amende à 5 fr.

## DES SECONDE, TROISIÈME ET QUATRIÈME DE CHANGE NON TIMBRÉES.

L'article 14 de la loi du 13 brumaire an 7 (3 novembre 1798) assujétissait au timbre tous les effets de commerce, même les lettres de change tirées par *seconde*, *troisième* ou *quatrième*, ainsi que les *duplicata* ou copie de première, et ceux qui seraient faits en France et payables à l'étranger.

Cette disposition a été, d'après l'article 6 de la loi du 1er mai 1822, modifiée ainsi qu'il suit :

Les lettres de change tirées par *seconde*, *troisième* ou *quatrième*, pourront, quoique étant écrites sur papier non timbré, être enregistrées dans le cas de protêt, sans qu'il y ait lieu au droit de timbre et à l'amende, pourvu que la première, écrite sur papier au timbre proportionnel, soit conjointement représentée au receveur de l'enregistrement.

## DE L'ALLONGE.

On peut, sans contravention, ajouter du papier libre à un effet de commerce, lorsqu'il ne peut plus contenir tous les endossements que le besoin de la transmission ou de la circulation fait naître. (*Article 900 du Journal de l'Enregistrement*, *rédigé par des employés supérieurs de l'administration.*)

## TITRE TROISIÈME.

# De la Lettre de change.

On reconnaît dans le commerce trois sortes de stipulations d'effets qui sont désignées par traites (ou lettres de change), mandats et billets.

Art. 110. « La lettre de change est tirée d'un lieu sur un autre.

« Elle est datée.

« Elle énonce :

« La somme à payer ;

« Le nom de celui qui doit payer ;

« L'époque et le lieu où le paiement doit s'effectuer ;

« La valeur fournie en espèces, en marchandises, en compte, ou de toute autre manière.

« Elle est à l'ordre d'un tiers, ou à l'ordre du tireur lui-même.

« Si elle est par *première, seconde, troisième, quatrième*, etc., elle l'exprime. »

Art. 111. « Une lettre de change peut être tirée sur un individu, et payable au domicile d'un tiers.

« Elle peut être tirée par ordre et pour le compte d'un tiers. »

Art. 112. « Sont réputées simples promesses toutes lettres de change contenant supposition, soit de nom, soit de qualité, soit de domicile, soit des lieux d'où elles sont tirées, ou dans lesquelles elles sont payables. »

Art. 113. « La signature des femmes et des filles non négociantes ou marchandes publiques, sur lettres de change, ne vaut, à leur égard, que comme simple promesse. »

Art. 114. « Les lettres de change souscrites par des mineurs non négociants sont nulles à leur égard, sauf les droits respectifs des parties, conformément à l'article 1312 du Code. »

## ARTICLE PREMIER.

### D'UNE PREMIÈRE ET SECONDE DE CHANGE.

—

MODÈLE D'UNE TRAITE.

<table>
<tr><td>Première.</td><td>Lyon, le 1<sup>er</sup> janvier 1829.</td><td>B. P. F. 4000.</td></tr>
</table>

*A cent jours de date, payez par cette première de change, à l'ordre de Monsieur Émery, la somme de QUATRE MILLE FRANCS, valeur reçue comptant, que passerez suivant l'avis de*

*Jean BONTOUX et C<sup>e</sup>.*

*A Messieurs
DELESSERT et C<sup>e</sup>,
A PARIS.*

La traite à cent et cent vingt jours de date est tirée à la plus longue échéance usitée parmi les banquiers ; les traites tirées de France et payables hors du territoire continental de la France n'ont point d'époque fixe pour le paiement ; c'est la distance des lieux et les conventions qui les déterminent. Les autres sont ordinairement,

A deux ou trois mois de date ;

A deux ou trois usances de date (on entend par usance le terme de trente jours) ;

A plusieurs jours de date ;

A jour fixe ;

En foire ;

A vue ;

A plusieurs jours de vue ;

A présentation ;

Enfin, suivant la convenance du preneur ou du tireur ; mais les trois dernières stipulations sont plutôt applicables aux mandats et aux billets à ordre qu'aux traites.

Les traites se font aussi par *première*, *seconde*, *troisième*, et même *quatrième*, lorsqu'on les réclame.

La stipulation est la copie littérale de la première, à l'exception qu'après le mot de *seconde de change*, on ajoute : *la première ne l'étant*. Ces mots, qui sont de rigueur, sont fermés par une parenthèse suivant l'exemple ci-après. Il en sera de même pour une *troisième*, en relatant *la première et la seconde ne l'étant*, et ainsi de suite.

MODÈLE D'UNE SECONDE DE CHANGE.

Seconde.      *Lyon, le* $1^{\text{er}}$ *janvier* 1829.      B. P. F. 4000.

*A cent jours de date, payez par cette seconde de change ( la première ne l'étant), à l'ordre de M. Émery, QUATRE MILLE FRANCS, valeur reçue comptant, que passerez suivant l'avis de*

Jean BONTOUX *et* C<sup>e</sup>.

*A Messieurs*
DELESSERT *et* C<sup>e</sup>,
*A PARIS.*

Le mot *somme*, qu'on insère dans le corps d'un effet avant de stipuler son montant, n'est point obligatoire; et si on le supprime, c'est pour éviter de porter à la troisième ligne une partie ou le montant de la valeur de l'effet, qui, suivant l'usage et la bonne règle, doit être contenu dans la seconde ligne du corps dudit effet, attendu que la stipulation des lettres de change doit être, autant que possible, restreinte à trois lignes.

Il y a deux cas qui exigent une *seconde*, une *troisième*, et même une *quatrième* de change.

Le premier cas, c'est lorsque la première est adirée ou qu'on présume qu'elle n'a pu parvenir à sa destination par cause de force majeure. En conséquence, on en réclame une seconde ou une troisième, qu'on adresse séparément par lettres, et même par couriers différents, à celui à qui l'on veut en faire passer la valeur.

Le second cas, c'est lorsqu'on présume que la traite que l'on négocie, ou dont on fait remise, restera long-temps avant d'être présentée à l'acceptation; en ce cas on envoie la première pour être revêtue de cette formalité; et l'on négocie ou remet avec plus de certitude la seconde ou la troisième, puisque l'on doit compter sur un débiteur de plus.

Si celui à l'ordre de qui une traite a été fournie, réclame une seconde, une troisième, et même une quatrième de change, le tireur ne peut les refuser; mais il n'est pas tenu de les fournir sur papier timbré, ce droit étant à la charge du réclamant.

Une cinquième de change n'étant point en usage, et le Code n'en faisant nullement mention, ne peut être légalement réclamée.

L'article 110 portant qu'une lettre de change est tirée d'un lieu sur un autre, elle ne peut être par conséquent datée de la même ville où elle est payable; et dans le cas d'une pareille contravention, la lettre de change, d'après l'article 112, n'est plus réputée que comme simple promesse. ( Arrêt de rejet de la cour de Cassation du 1<sup>er</sup> thermidor an 10 (20 juillet 1803 ), qui décide qu'il n'y a pas lettre de change si le payeur n'est autre que le tireur, surtout s'il n'y a pas remise de place en place. — Voyez *Manuel de Droit français*, note 2 sur l'article 112 du *Code de Commerce.* )

## ARTICLE II.

### D'UNE COPIE DE PREMIÈRE DE CHANGE.

L'utilité d'une copie de *première de change* est la même que celle d'une *seconde de change*, dont il a été précédemment fait mention ; mais néanmoins il est nécessaire de faire connaître le motif qui a fait naître l'idée de créer un pareil titre, afin que dans l'occasion on puisse l'employer fructueusement.

Par exemple, si l'on reçoit d'un débiteur sa traite, et qu'on soit incontinent obligé de la négocier, on doit, si l'on suspecte sa solvabilité et qu'on n'ose lui réclamer la seconde, dresser une copie de *première*, afin d'envoyer de suite l'original à l'acceptation pour obtenir un débiteur de plus ; ce qui procure une plus grande sécurité pour la négociation de la copie de première.

Cette copie, qui équivaut à une seconde de change, n'éprouve aucun changement dans la littéralité du corps de l'effet ; mais on remplace seulement les mots de *première de change*, portés à gauche et en tête de l'effet, par ceux de *copie de première*. Les endossements sont aussi littéralement copiés jusques et compris celui du cédant, après lequel on met *jusqu'ici copie ;* alors les endossements subséquents se passent suivant la règle et d'après la nature de la cession.

Cette précaution doit, à plus forte raison, être prise pour une traite venant de l'étranger, à cause du laps de temps qu'il faudrait pour se procurer la seconde ; mais cet inconvénient est rare, parce que le tireur ou le premier endosseur a toujours soin de joindre la seconde avec la première.

MODÈLE D'UNE COPIE DE PREMIÈRE.

Copie de première.     *Bordeaux*, 24 *janvier* 1829.   B. P. F. 2000.

*A soixante-et-dix jours de date, payez par cette première de change, à mon ordre, la somme de DEUX MILLE FRANCS, valeur en moi-même, que passerez suivant l'avis de*

Signé *Pepin.*

*A Messieurs* Callet *frères,*
*A MONTPELLIER.*

L'original à l'acceptation chez MM. F. Durand et fils, à qui au besoin.

Les endossements suivants seront mis au dos de cette copie de première :

> *Payez à l'ordre de Monsieur Babin,*
> *valeur reçue comptant. Bordeaux, le*
> *3o janvier* 1829.
>
> Signé PEPIN.
>
> *Payez à l'ordre de Messieurs Cour-*
> *tois et C<sup>e</sup>, valeur en compte. Bayonne,*
> *le* 6 *février* 1829.
>
> Signé BABIN.
>
> *Payez à l'ordre de Monsieur Villa-*
> *longe, valeur reçue en marchandises.*
> *Toulouse, le* 18 *février* 1829.
>
> Signé COURTOIS et C<sup>e</sup>.
>
> ( Jusqu'ici copie. )
>
> *Payez à l'ordre de Messieurs J. Bi-*
> *mard et Glaize, valeur en compte. Per-*
> *pignan, le* 22 *février* 1829.
>
> VILLALONGE.
>
> *Pour acquit :*
> BIMARD ET GLAIZE.

# ARTICLE III.

## D'UNE SEULE DE CHANGE.

Cette stipulation s'effectue lorsqu'on ne suppose pas être obligé de fournir une seconde de change; en ce cas, en remplacement des mots *payez par cette première de change*, on substitue ceux-ci : *par cette seule de change*.

Et s'il arrivait que ce titre vînt à s'égarer, on réclamerait alors un duplicata, qui équivaut à une seconde de change, et qui n'éprouve de changement dans la rédaction que par le mot *duplicata*, qui remplace ceux de *seconde de change* ; ainsi l'on mettra :

A deux usances, payez par ce duplicata (*la seule de change ne l'étant*).

MODÈLE D'UNE SEULE DE CHANGE.

---

Seule de change.     *Marseille*, *le* 9 *janvier* 1829.     B. P. F. 3000.

*A deux usances, payez par cette seule de change, à l'ordre de Messieurs Pierrefeu et C°, TROIS MILLE FRANCS, valeur en compte, que passerez suivant l'avis de*

*ROUCHON et C°.*

*A Messieurs*
*CAVALIER et BENEZET,*
*A NIMES.*

---

# ARTICLE IV.

## D'UNE TRAITE A DOMICILE.

Une lettre de change peut être tirée sur un individu, et payable au domicile d'un tiers (article 111).

Cette formule a lieu lorsqu'un créancier réclame en paiement à un débiteur de la même ville une traite sur une place étrangère, ou quand le débiteur préfère s'acquitter dans une autre ville où il a des fonds à toucher, et qu'il ne peut ou n'ose, pour sa libération, réclamer par anticipation, à son correspondant, un crédit d'acceptation.

MODÈLE D'UNE TRAITE A DOMICILE.

Première.  *Rouen, le 5 février* 1829.  B. P. F. **2500.**

*Fin avril prochain, payez par cette première de change, à l'ordre de Monsieur Aillaud, DE UX MILLE CINQ CENTS FRANCS, valeur reçue comptant, que passerez suivant notre accord verbal*

       *DUVALLIARD.*

*A Monsieur*
*DURRIÈRE, négociant de Rouen,*
 *au domicile*
*de MM. F. VALENTIN et Cᵉ,*
 *A PARIS.*

Accepté pour deux mille cinq cents francs payables au domicile de MM. F. Valentin et Cᵉ, à Paris.

Rouen, 5 février 1828.
      DURRIÈRE.

D'après l'exemple ci-dessus, on doit observer que Duvalliard, tireur, est le créancier de Durrière, et qu'Aillaud est le preneur de Duvalliard, ce qui constitue la lettre de change ; donc il faut trois individus pour la composer ; et, dans le cas contraire, si Durrière devenait souscripteur en faveur de Duvalliard, ladite traite ne serait plus qu'un billet à domicile, comme on le verra ci-après.

## ARTICLE V.

### D'UNE TRAITE POUR COMPTE.

Les mots *pour compte*, qui sont insérés sur une traite, désignent assez clairement que le tireur n'est que mandataire d'un tiers dont il a reçu l'ordre de fournir pour son compte.

Par exemple : Jean, de Bordeaux, doit à Paul, de Lyon, le montant d'une expédition payable en papier sur Paris. Le premier n'ayant pas en portefeuille les valeurs nécessaires pour couvrir le dernier, ou ne voulant pas se démunir de celles qu'il possède, l'autorise à fournir pour son compte sur Pierre, de Paris. Par ce virement, Jean se libère en se dispensant de faire des négociations qui peuvent momentanément être onéreuses sur sa place, lorsqu'elles ne le sont pas sur celle de Paul, tireur. Aussi les banquiers se servent-ils souvent de ce moyen pour leurs opérations de banque, et pour ne pas augmenter le nombre de leurs traites dans la circulation, parce qu'une trop grande émission est toujours nuisible au crédit.

Ainsi, Paul, de Lyon, ayant reçu l'ordre de Jean, de Bordeaux, de se prévaloir pour son compte sur Pierre, de Paris, prévient ce dernier de ses dispositions, et reçoit, suivant l'usage, la réponse que tout honneur est réservé à ses traites, par le débit et pour le compte de Jean, de Bordeaux. De cette manière, si Jean, de Bordeaux, venait à faire faillite, le tiré ne pourrait avoir, d'après sa lettre, aucun recours contre Paul, de Lyon, qui n'est que simple mandataire de Jean.

Mais, dans le cas de celle de Pierre, Paul devient passible du paiement de ses traites envers les endosseurs et le porteur seulement, d'après la modification faite par l'article 115 du Code, par la loi du 19 mars 1817. (Voyez *Provision*, ci-après).

MODÈLE D'UNE TRAITE POUR COMPTE.

Première.  *Lyon, le* 10 *février* 1829.  B. P. F. **12000.**

*A cent vingt jours de date, payez par cette première de change, à l'ordre de MM. C. Audiffret et C<sup>e</sup>, DOUZE MILLE FRANCS, valeur reçue comptant, que passerez au compte de J., suivant son avis et le mien.*

              *PAUL.*

*A Monsieur*
*PIERRE, banquier,*
*A PARIS.*

# ARTICLE VI.

## DE LA LETTRE DE CHANGE DEVANT NOTAIRE;

### POUR LES PERSONNES QUI NE SAVENT OU NE PEUVENT SIGNER.

**VII.** *Peut-on passer une lettre de change devant notaire ?* — Cette question fut proposée le 25 fructidor an 12 (12 septembre 1804), par le président du tribunal de Commerce de......, à M. Merlin, procureur général de la Cour de Cassation, qui répondit, le 30 du même mois, que l'exemple d'une lettre de change passée devant notaire était le premier qu'il eût vu; mais que si, comme il a été généralement reconnu qu'on peut faire une obligation à ordre par devant notaire, pourquoi ne pourrait-on pas également faire une lettre de change dans la même forme ? Dès que le titre a la forme d'une lettre de change, et qu'il y a remise de place en place, il emporte, non seulement la contrainte par corps, mais encore la soumission à la juridiction des tribunaux de Commerce. L'acceptation peut certainement être écrite sur l'expédition; et il n'est pas moins certain que le paiement peut également se faire sur la même pièce, à un tiers porteur dont ladite expédition lui aura été légalement transmise par la voie de l'endossement; et s'il arrivait que ce titre fût adiré, on pourrait, comme pour la lettre de change sous seing-privé, réclamer, au lieu d'une seconde de change, une nouvelle expédition, qui néanmoins ne pourra être délivrée au dernier porteur du titre qu'avec l'autorisation des juges (telle était la règle avant la loi du 25 ventose an 11, 16 mars 1803, sur le notariat; et bien loin d'y déroger, cette loi l'a maintenue expressément), et l'on sent bien que le juge n'accordera cette autorisation qu'après avoir entendu celui qui a créé la lettre, et celui sur qui elle a été tirée, pour vérifier si elle est ou n'est pas acquittée. Enfin plusieurs oppositions de différents genres peuvent, dans de pareils cas, présenter des inconvénients plus ou moins graves, et occasioner des lenteurs dans le recouvrement, que n'offre pas la lettre de change sous seing-privé. (MERLIN, *Répertoire de Jurisprudence*, tome 7, page 403).

On voit par la réponse du jurisconsulte Merlin, qu'à l'époque du 25 fructidor an 12 (12 septembre 1804), l'usage des lettres de change passées devant notaire n'était presque pas connu ; mais comme depuis lors cet usage a prévalu sur les actes notariés relativement aux opérations commerciales, et qu'aujourd'hui il est assez fréquent, on doit, puisqu'il n'y a point de loi spéciale à ce sujet, se baser, pour la pratique, sur les raisons et conclusions de *A. J. Massé*, qui sont insérées dans le Parfait Notaire, tome 2, page 523, dont le principe est substanciellement rapporté comme il suit :

1° Les lettres de change et billets à ordre ne perdant pas, quoique faits devant notaire, leur caractère d'effets commerciaux et négociables, doivent par cela même être faits sur papier proportionnel, en exécution de l'article 14 de la loi du 13 brumaire an 7 (3 novembre 1798).

2° Le notaire ne doit, sous aucun rapport, retenir minute de la lettre de change; il doit la délivrer en brevet original, ou en plusieurs brevets originaux, selon qu'elle est tirée seule, ou par *première*, *seconde*, etc. Tout ce qu'on vient de dire de la lettre de change s'applique aux billets à ordre.

3° Les lettres de change sont exemptes de la formalité de l'enregistrement; ainsi les notaires ne sont pas tenus de faire enregistrer celles qui sont passées devant eux. Il en est autrement des billets à ordre : comme ils sont sujets à l'enregistrement de la même manière que les actes sous seing-privé, les notaires ne peuvent les recevoir sans les enregistrer dans les mêmes délais que les autres actes.

4° Les lettres de change et les billets à ordre, quoique passés devant notaire, conservent toujours leur caractère principal d'effets négociables; par conséquent, l'hypothèque est incompatible avec la faculté de négocier le titre par la voie de l'ordre; elle ne peut donc être stipulée dans les effets à ordre, quoique passés devant notaire. A raison de ce caractère principal, on ne peut y stipuler aucune convention qui soit contraire à la nature de l'effet négociable.

5° La lettre de change et le billet à ordre ne perdant rien de leur caractère ni de leur nature par la rédaction qui en est faite devant notaire, il est inutile de constater le consentement du preneur de la lettre de change, ni celui du créancier du billet à ordre, dans ces sortes d'effets, quoique passés devant notaire. Ils demeurent toujours effets mobiliers du commerce, à l'égard desquels l'acceptation du titre par tradition manuelle équivaut à l'expression écrite du consentement de l'acceptant.

Enfin, pour conclusion générale, on peut et l'on doit décider qu'un effet négociable passé devant notaire n'est qu'un effet négociable authentique ayant date certaine, mais privé de la force exécutoire jusqu'à jugement rendu dans les formes commerciales.

## FORMULES DE LETTRES DE CHANGE ET DE BILLETS A ORDRE DEVANT NOTAIRE.

### LETTRES DE CHANGE DEVANT NOTAIRE.

En présence de M<sup>e</sup> *** et son confrère, notaires royaux, résidant à........., soussignés, M. Jean-Pierre Levasseur, marchand, dûment patenté, demeurant à........., rue........., n°.......

A requis, par cette *seule de change*, MM. Samuel Bernard et Compagnie, négociants à Bayonne, de payer en ladite ville de Bayonne, et en leur demeure, à M. Jacques-Charles Lelong, banquier, ou à son ordre, le (tel jour), la somme de six mille francs, valeur reçue comptant, sans autre avis du tireur.

Fait à........., en l'étude, l'an mil huit cent dix, le vingt-six avril; et le comparant, après lecture à lui faite, ayant déclaré ne savoir écrire ni signer (ou ne pouvoir écrire ni signer, à cause de telle infirmité), lesdits notaires ont signé.

### BILLETS A ORDRE DEVANT NOTAIRE.

Pardevant M<sup>e</sup> *** et son confrère, notaires royaux, résidant à........., soussignés, fut présent M. Jean-Pierre Levasseur, négociant, demeurant à........., rue........., n°........., lequel s'est obligé de payer à M. ......, ou à son ordre, le (tel jour), la somme de six mille francs, valeur reçue comptant.

Fait à, etc. (comme ci-dessus).

ENDOSSEMENTS DEVANT NOTAIRE.

Passé à l'ordre de M<sup>e</sup> ***, valeur reçue comptant, par M. Jacques-Charles Lelong, marchand, qui a déclaré ne savoir écrire ou signer (ou ne pouvoir signer, à cause de telle infirmité). A Paris, en l'étude de M<sup>e</sup> ***, un des notaires soussignés, en présence dudit M<sup>e</sup> *** et de son confrère, notaires royaux résidant à Paris ; lesquels, après lecture faite au comparant, ont signé.

## MOYEN DE LA PROCURATION

### POUR REMPLACER CELUI DE LA LETTRE DE CHANGE DEVANT NOTAIRE.

Quoiqu'on ait démontré que les personnes qui ne savent ou ne peuvent signer, doivent se servir du ministère des notaires pour contracter des lettres de change ou des billets à ordre, il ne s'en suit pas que ce moyen soit le seul à pratiquer pour la confection de pareils titres.

Pour démontrer l'avantage de la procuration, il suffit simplement d'annoncer que ce moyen a été préféré et adopté par les négociants, à cause qu'il ne fait opérer aucun changement dans la stipulation du titre, qui conserve toujours le vrai type commercial de la lettre de change, et parce qu'il procure plus de facilité pour la transmission ou la négociation, que ne présentent les titres passés devant notaire.

En conséquence, un créancier peut exiger de son débiteur qu'il autorise un tiers, par procuration spéciale passée devant notaire, à signer le titre par lequel il s'engage ; ce même tiers, fondé de pouvoir par le débiteur, rédigera et signera le titre suivant la formule usitée dans le commerce ; ce qui équivaudra à la propre signature du débiteur ou à toute lettre de change passée devant notaire, ou même souscrite par la main même du débiteur.

Ce moyen est journellement usité parmi les négociants, et principalement parmi les banquiers. Or, en le pratiquant, on ne s'écarte pas de l'usage qui est le plus généralement répandu, et, s'il faut le dire, de celui qui ferme la porte aux inconvénients des contestations que la lettre de change passée devant notaire peut présenter par rapport à l'acceptation, à la transmission, au paiement, ou enfin à la réclamation qu'on pourrait faire d'une seconde de change, si la première était adirée.

Comme les notaires ne délivrent les procurations qu'en brevets originaux, et qu'ils ne conservent aucune minute, on doit avoir l'attention, lorsqu'on fait passer une procuration devant notaire, d'y faire stipuler que le tiers pourra, le cas y échéant, fournir une seconde, et même une troisième de change, s'il y était requis légalement par le porteur du titre.

On doit encore principalement observer que la procuration étant délivrée en brevet original, le notaire ne peut en conserver la minute, et que par conséquent cette procuration doit rester entre les mains du créancier comme le vrai gage authentique de l'engagement du débiteur.

Les lettres de change peuvent être souscrites par un fondé de pouvoir, sans que l'essence en soit altérée (*Arrêt de rejet de la cour de Cassation, du 22 ventose an 12, 13 mars 1803*).

FORMULE DE LA LETTRE DE CHANGE PAR PROCURATION.

---

Première.　　　*Paris, le 26 avril 1810.*　　　B. P. F. 6000.

*A cent jours de date, payez par cette seule de change, à l'ordre de Monsieur J. C. Lelong, la somme de SIX MILLE FRANCS, valeur reçue comptant, que passerez suivant l'avis de*
*Par procuration de Jean-Pierre Levasseur,*

*J. LARMANT.*

*A Messieurs*
*SAMUEL BERNARD et Cᵉ,*
*A BAYONNE.*

---

Ce même moyen de la procuration peut être pareillement employé pour les autres cas concernant les reçus, les reconnaissances, et tout engagement quelconque.

## ARRÊTS.

1° Il y a indication suffisante de la valeur fournie par ces mots, *valeur en moi-même*, si la lettre de change est à l'ordre du tireur, et si d'ailleurs elle a été endossée avec indication des *valeurs reçues*. (*Turin. Sirey*, t. 14, p. 181). Jugé en ce sens (*Cassation. Sirey*, t. 14, p. 195).

2° L'effet de commerce causé *valeur reçue*, sans autre désignation, ne peut être considéré, ni comme billet à ordre, ni comme lettre de change, bien qu'il contienne cette dernière qualification. (*Colmar. Sirey*, t. 16, p. 92.)

3° Le défaut de date dans une lettre de change n'en entraîne pas la nullité, lorsque la circonstance de la date, à une époque ou à une autre, n'est pas de nature à changer le droit. (*Nîmes. Sirey*, t. 19, p. 294.)

4° Une lettre de change, tirée d'une place sur une autre, ne doit pas être réputée simple promesse, par cela qu'elle aura été acceptée dans le lieu même d'où elle a été tirée. (*Turin. Sirey*, t. 8, p. 79.)

5° En matière de lettres de change, les juges peuvent présumer la simulation, ou le défaut de remise de place en place, par de simples conjectures, encore qu'il s'agisse de sommes au dessus de 150 fr. (*Cassation. Sirey*, t. 13, p. 453.)

6° De ce qu'une lettre de change est réputée simple promesse, il ne suit pas que le tribunal de Commerce soit incompétent, si d'ailleurs les tireurs et porteurs sont tous négociants. (*Turin. Sirey*, t. 12, p. 262.)

Mais s'ils ne sont pas tous négociants, le tiers porteur de bonne foi ne peut empêcher que le tribunal se déclare incompétent. (*Bruxelles. Sirey*, t. 12, p. 135.)

7° En matière de lettres de change, la supposition du lieu entre le tireur et l'accepteur n'est pas opposable au tiers porteurs de bonne foi. (*Bruxelles. Sirey*, t. 14, p. 177.) Jugé en ce sens (*Cassation. Sirey*, t. 20, p. 69).

8° Une lettre de change souscrite au profit de tel à qui l'on doit pour une cause civile, emporte novation : en ce cas, la dette est bien commerciale; peu importe son origine. (*Colmar. Sirey*, t. 16. p. 68.)

9° La supposition de valeur est une nullité opposable, en matière de lettres de change, tout aussi bien que les suppositions de nom, de qualité, de domicile et de lieu. (*Cassation. Sirey*, t. 17, p. 137.)

10° La femme qui a souscrit une lettre de change conjointement avec un négociant, est justiciable des tribunaux de Commerce, encore que n'étant ni *négociante* ni marchande-publique, la lettre de change ne soit réputée à son égard que comme simple promesse. (*Bruxelles. Sirey*, t. 13, p. 240.)

Un autre arrêt a décidé dans le même sens, même lorsque la femme signait seule une lettre de change; mais alors il n'y a pas lieu à contrainte par corps. (*Limoges. Sirey*, t. 16, p. 69.)

11° L'acceptation d'une lettre de change faite par une femme non marchande vaut, à son égard, même comme simple promesse, lorsqu'elle ne porte pas un *bon* ou *approuvé* en la forme prescrite par l'article 1326 du Code Civil. (*Paris. Sirey*, t. 20, première partie, p. 33.) L'arrêt dénoncé à la cour de Cassation fut maintenu, mais la question n'a pas été examinée.

12° Le particulier non marchand qui, après avoir fait traite à ordre de lui-même, l'endosse sans exprimer qu'il a reçu la valeur, a réellement souscrit une lettre de change, et se trouve passible de toutes poursuites commerciales, si celui à l'ordre de qui il a passé la traite, l'a passée à son tour à l'ordre d'un tiers, en exprimant la valeur. (*Arrêt de la Cour de Bruxelles, du* 30 *mars* 1809.)

# ARTICLE VII.

## DE LA STIPULATION DES VALEURS PORTÉES DANS LE CORPS DES EFFETS.

La désignation de ces valeurs est ordinairement reproduite dans les endossements. Il est donc essentiel d'en établir ci-après la nomenclature pour faire mieux sentir les nuances des différents cas qui se présentent, et que légalement on peut porter à huit sortes, savoir :

| | |
|---|---|
| 1. Valeur reçue comptant, | que passerez. |
| 2. Valeur reçue en marchandises, | que passerez. |
| 3. Valeur en compte, | que passerez. |
| 4. Valeur pour solde de compte, | que passerez. |
| 5. Valeur pour solde de tout compte, | que passerez. |

6. Valeur pour solde de compte jusqu'à ce jour ,　　que passerez.
7. Valeur pour solde de tout compte jusqu'à ce jour,　que passerez.
8. Valeur en moi-même (ou en nous-mêmes) ,　　que passerez.

### 1. *Valeur reçue comptant*,

C'est lorsqu'un tireur ou souscripteur reçoit en échange de sa traite, ou de son billet, la contre-valeur en argent comptant.

### 2. *Valeur reçue en marchandises*,

Démontre pareillement une cession d'effet en compensation d'une livraison de marchandises.

### 3. *Valeur en compte*,

S'emploie quand le tireur d'une lettre de change ou le souscripteur d'un billet n'en reçoit pas manuellement la contre-valeur, et qu'il adresse sa remise à son correspondant pour en procurer l'encaissement ou pour être portée à son avoir.

### 4. *Valeur pour solde de compte*,

Cette stipulation, qui rentre dans la catégorie de la précédente, n'en diffère que par les mots *pour solde*, qui prouvent qu'on solde un compte ou une opération ; néanmoins, dans ce dernier cas, on peut en désigner la nature en stipulant *valeur pour solde de telle opération*.

### 5. *Valeur pour solde de tout compte*,

Quant à cette stipulation, elle laisse entrevoir une plus grande étendue de libérations que la précédente, puisqu'elle englobe tous les comptes qu'on peut avoir avec son correspondant; aussi cette stipulation, qui équivaut à un reçu général, tient lieu de tout reçu particulier, mais ne doit être employée que lorsqu'on est très sûr de ses opérations, afin d'obvier aux contestations que feraient naître des omissions.

### 6. *Valeur pour solde de compte jusqu'à ce jour.*

Cette sixième stipulation ne diffère de la quatrième que par les mots *jusqu'à ce jour*, qu'on emploie ordinairement pour fixer l'époque d'un réglement de compte, et pour éviter toute contestation qui pourrait naître par des reports d'opérations.

### 7. *Valeur pour solde de tout compte jusqu'à ce jour.*

Cette septième stipulation ne diffère encore de la cinquième que par les mots *jusqu'à ce jour*, qui servent aussi à préciser l'époque d'un réglement de compte, en démontrant pareillement que tous les comptes qui pouvaient exister se trouvent soldés.

### 8. *Valeur en moi-même (ou en nous-mêmes).*

Cette dernière stipulation s'emploie quand on fournit une traite à son ordre, avant d'en connaître le preneur; par conséquent la valeur à stipuler est valeur en moi-même, puisqu'elle se fait à l'ordre du tireur; et lorsqu'il y a plusieurs tireurs, c'est valeur en nous-mêmes.

Trois circonstances ont fait mettre en pratique cette stipulation, savoir :

La première, c'est lorsqu'un négociant donne l'ordre de tirer sur lui, et qu'on se trouve incontinent obligé de lui répondre sans avoir le placement de la disposition dont on ne veut pas différer l'avis.

La deuxième, c'est lorsqu'on a à s'entretenir avec un correspondant sur lequel on doit se prévaloir, et qu'on veut profiter de cette occasion pour lui annoncer sa traite, dont on ignore encore le preneur.

La troisième, c'est lorsque l'on croit utile de prévenir par avance son débiteur qu'on fournit sur lui, afin de le faire mettre en mesure de paiement, et qu'on ne peut pour le moment livrer sa valeur à une négociation onéreuse, lorsqu'on peut temporiser pour y donner cours.

Voyez l'exemple d'une copie de première, qui vous démontrera aussi (page 13) que le premier endossement ne varie pas de l'usage ordinaire.

Malgré les huit sortes de valeurs désignées, il est encore reconnu qu'on peut mettre en usage celles

De valeur en ses remises, ou en ses traites,

De valeur en recouvrement,

Et de valeur entendue.

La première s'emploie pour échange de valeurs;

La deuxième, pour remise d'effets à faire encaisser,

Et la troisième, pour valeur cédée en recouvrement, dont le paiement ne doit s'effectuer qu'après l'encaissement, ou enfin pour toute autre opération que la stipulation laisse ignorer.

Dans tous les cas, la stipulation légale de valeur en compte pouvant être appliquée à une infinité d'opérations ou de virements, doit être préférée aux stipulations précitées, attendu qu'elle laisse ignorer la nature du contrat, et par cela même ne porte point atteinte au crédit. Dans cette hypothèse, lorsqu'on se trouvera à découvert de sa signature, il faudra réclamer à son débiteur une déclaration de l'opération qu'on aura faite, afin de ne pas encourir les disgraces de la mauvaise foi. (*Voyez* à ce sujet l'exemple ci-après, concernant les endossements.)

# ARTICLE VIII.

## DE LA STIPULATION : QUE PASSEREZ SUIVANT L'AVIS DE.

Ces mots sont ordinairement l'expression finale du corps d'une traite, ou d'un mandat, pour annoncer à celui sur lequel on tire, qu'il a dû, ou doit être prévenu par correspondance de la disposition qu'on a faite, et de l'application qu'il doit en faire.

Quoique cette expression soit souvent employée pour la formation d'une lettre de change, néanmoins elle n'est pas la seule qu'on mette en usage, à cause des différents cas qui se présentent, comme on le verra par les dix exemples suivants.

1. *Que passerez suivant l'avis de*.......

C'est lorsqu'on tire sur un correspondant auquel on doit donner avis.

2. *Que passerez sans autre avis de*......

C'est pour éviter un port de lettre, et lorsqu'on est assuré de l'accueil réservé à sa signature.

3. *Que passerez suivant ou sans autre avis de*......

C'est aussi quand on est assuré d'un accueil favorable, et qu'on présume avoir l'occasion d'écrire avant l'échéance.

4. *Que passerez au compte de J. B., suivant son avis et le nôtre.*

C'est lorsqu'on est autorisé à tirer pour le compte d'un tiers; en conséquence on en donne avis.

5. *Que passerez suivant votre lettre du*........

C'est annoncer que la lettre qui porte l'autorisation de fournir est bien parvenue, et qu'on est par conséquent dégagé d'un avis.

6. *Que passerez pour solde de tout compte jusqu'à ce jour.*

Cette stipulation équivaut à un reçu final; par conséquent on ne doit l'employer qu'autant qu'on est très sûr de ses opérations, ou qu'on l'exige, afin d'obvier aux contestations que feraient naître des omissions.

7. *Que passerez à compte de notre facture du*........

C'est appliquer un paiement à compte d'une certaine dette.

8. *Que passerez pour solde de notre facture du*........

C'est imputer la disposition à l'objet qu'on solde.

9. *Que passerez suivant l'avis verbal de M......*

C'est lorsqu'un tiers est chargé verbalement d'annoncer votre disposition.

10. *Que passerez suivant notre accord verbal.*

C'est rappeler qu'on s'est entendu sur la disposition qu'on fait.

## TITRE QUATRIÈME.

# Du Mandat.

La loi ne s'expliquant nullement sur le mandat, quoique ce titre soit assez fréquemment usité dans le commerce, on doit conclure avec juste raison qu'il est toléré.

Le mandat proprement dit est une lettre de change, puisqu'il en prend le caractère par sa stipulation; la différence consiste seulement dans les mots, *payez par ce présent mandat*, au lieu de *payez par cette première de change*, et par conséquent il peut être accepté s'il est fourni sur papier timbré.

On fait ordinairement ce titre sur papier libre, et pour des sommes de peu de valeur, considérées comme appoint, ou solde de compte.

Dans le cas que cet effet vienne à s'égarer, on peut réclamer du tireur ou du cédant un duplicata qui équivaut à une seconde de change, et qui n'éprouve de changement dans la rédaction que par le mot *duplicata*, qu'on substitue à ceux de *seconde de change*, comme pour une traite.

L'acceptation pour les mandats n'est point obligatoire, et l'on peut même avancer qu'il ne s'en est presque jamais vu, surtout sur papier libre.

On compte trois sortes de mandats :

Le mandat à ordre,

Le mandat simple,

Et le mandat au porteur.

# ARTICLE PREMIER.

### MODÈLE DU MANDAT A ORDRE.

Mandat.            *Orléans, le 22 février 1829.*            B. P. F. 455.

*A vue payez contre le présent mandat, à l'ordre de M. Thibaud,*
*la somme de QUATRE CENT CINQUANTE-CINQ FRANCS,*
*valeur en compte et pour solde jusqu'à ce jour, que passerez suivant*
*l'avis de*

GUILLON *et* BRANTS.

*A Monsieur*
LEVASSEUR,
*A TOURS.*

# ARTICLE II.

### MODÈLE DU MANDAT SIMPLE.

Mandat.            *Avignon, le 5 mars 1829.*            B. P. F. 300.

*A trois jours de vue payez contre le présent mandat à*
*Monsieur Lacroix, TROIS CENTS FRANCS, =====*
*valeur reçue comptant, que passerez sans autre avis de*

BEAUQUIER.

*A Messieurs*
DAMSEIS *et fils jeune,*
*A NIMES.*

Ce second mandat n'étant point à ordre, ne peut être transmissible par la voie de l'endossement; c'est donc entre les mains du porteur qu'il doit être acquitté.

Mais dans le cas où le porteur ne pourrait faire acte de présentation à l'échéance, il ne lui est pas moins loisible de se faire représenter par un tiers pour toucher le montant de sa créance, et à cet effet le tiers peut avoir qualité de recevoir, soit par la voie de la correspondance, soit par autorisation apposée sur le mandat.

MODÈLE DE L'AUTORISATION SUR MANDAT.

*J'autorise Messieurs Damseis et fils jeune à payer pour mon compte le présent mandat à Monsieur Sibert.*

*Avignon, le 15 mars 1829.*

*LACROIX.*

## ARTICLE III.

MODÈLE DU MANDAT AU PORTEUR.

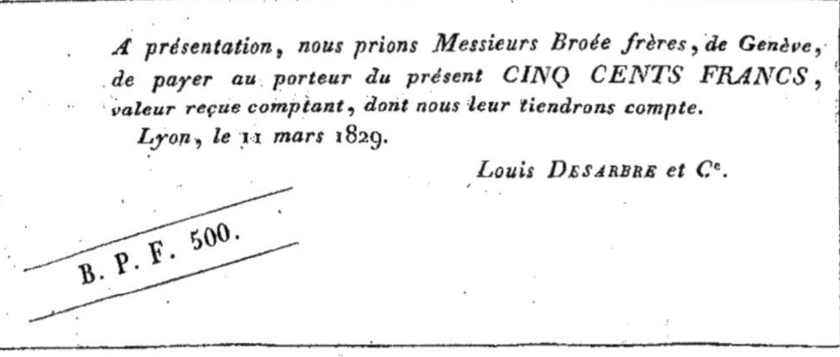


Ce troisième mandat, payable au porteur, est quelquefois réclamé par celui qui ne veut pas être connu ou faire circuler sa signature; il peut l'être encore, quand il s'agit de faire des retours pour compte d'amis dont on n'est point garant, et pour lesquels on veut être dégagé de tout recours en garantie, avantage que le mandat à ordre ne présente pas.

Dans tous les cas, cette stipulation est très rare, par l'inconvénient que si le mandat s'égarait, on ne pourrait réclamer un duplicata, et que celui qui l'aurait trouvé, pourrait en exiger le paiement comme légitime propriétaire.

L'édit du mois de mai 1716 dit : « Les billets en blanc, auxquels ont succédé les billets au porteur, ne diffèrent que par le nom. » Aucun des Codes, aucune des lois qui nous régissent aujourd'hui, n'ayant renouvelé la prohibition des billets en blanc, M. le comte Merlin, dans son *Répertoire de Jurisprudence*, au mot *Blanc-seing*, convient qu'ils sont valables dans le nouveau droit. Par conséquent, la même raison doit exister aussi en faveur des mandats au porteur.

## ARTICLE IV.

### MANDAT QUI N'OBLIGE PAS LE PRENEUR.

Cette stipulation de mandat n'a ordinairement lieu que lorsque le preneur de valeur fait des retours pour compte d'amis dont il ne veut être ni endosseur ni garant. Ainsi, en admettant que Jean, de Grenoble, fait des retours à Pierre, de Dijon, en valeur prise de Paul, de Grenoble, le mandat sera ainsi conçu :

---

Mandat.      *Grenoble, le 10 avril 1829.*      B. P. F. 750.

*Fin courant payez contre le présent mandat, à l'ordre de M. Pierre, de Dijon, SEPT CENT CINQUANTE FRANCS, valeur reçue comptant de M. Jean, que passerez suivant ou sans autre avis de*

                         *PAUL.*

*A Monsieur*
*JOSEPH,*
*A DIJON.*

---

Par cette stipulation les cobligés de l'effet ne peuvent avoir contre Jean aucune action en garantie, attendu qu'il ne figure pas sur l'effet comme partie engagée, et qu'au contraire il se trouve comme mandataire dégagé envers Pierre.

Ce moyen peut pareillement être mis à exécution sur une lettre de change.

## TITRE CINQUIÈME.

# Du Billet à Ordre.

Article 187. « Toutes les dispositions relatives aux lettres de change, et concernant

L'échéance,

L'endossement,

La solidarité,

L'aval,

Le paiement,

Le paiement par intervention,

Le protêt,

Les devoirs et droits du porteur,

Le rechange ou les intérêts,

sont applicables aux billets à ordre, sans préjudice des dispositions relatives aux cas prévus par les articles 636, 637 et 638. »

Art. 188. « Le billet à ordre est daté.

« Il énonce

La somme à payer,

Le nom de celui à l'ordre de qui il est souscrit,

L'époque à laquelle le paiement doit s'effectuer,

La valeur qui a été fournie en espèces, en marchandises, en compte, ou de toute autre manière.

« Le billet diffère de la lettre de change et du mandat, parce qu'il est ordinairement payable dans la ville où il a été souscrit, et qu'il n'y a que deux personnes qui y figurent : le souscripteur, et le preneur.

Ce titre, un des plus usités dans la classe commerçante, s'emploie ordinairement pour régler un achat de marchandises, solder un compte, reconnaître un prêt d'espèces, ou enfin pour libération envers un créancier. Mais
tous les cas que présentent les différentes opérations de commerce ne sont
pas de même nature, on a adopté plusieurs sortes de stipulations pour
les billets à ordre; ainsi,

Les billets peuvent être rédigés de six manières, savoir:

1° Billet à ordre,

2° Billet à domicile;

3° Billet avec élection de domicile

4° Billet avec stipulation de négociant,

5° Billet solidaire;

6° Billet souscrit par mari et femme.

## ARTICLE PREMIER.

**MODÈLE DU BILLET À ORDRE.**

B. P. F. 1550.

*Dans trois mois, nous paierons à l'ordre de Messieurs Pe-
raud et Dubosc, QUINZE CENT CINQUANTE FRANCS,
valeur reçue en marchandises.* Reims, le 17 mars 1829.

GIRAUD, BLATIN et Cᵉ.

Cette première stipulation est celle qu'on emploie le plus ordinairement
pour régle des opérations commerciales; par conséquent il n'y a point d'usage
pour fixer l'époque des échéances, comme pour spécifier la valeur qu'on reçoit.
Les conditions à cet égard deviennent régulateur.

5

## NOTICE

### DE QUELQUES ARRÊTS CONTENANT DÉCISION SUR LA MATIÈRE DU BILLET A ORDRE.

1° Le défaut de date dans un billet à ordre n'en entraîne pas la nullité, lorsque la date quelconque ne peut opérer aucun changement dans le droit. (*Cassation. Sirey*, t. 22, p. 168.)

2° Encore qu'un billet à ordre porte la signature d'un ou de plusieurs individus négociants, il est réputé simple promesse, s'il n'énonce point la valeur fournie ; dans ce cas, le tribunal de Commerce est incompétent pour en connaître. (*Cassation. Sirey*, t. 11, p. 341). Jugé en ce sens. (*Riom. Sirey*, t. 18, p. 127.)

3° Le défaut d'énonciation de la valeur fournie peut être suppléé par des preuves résultant des livres de commerce. (*Angers. Sirey*, t. 18, p. 113.)

4° Un billet à ordre souscrit par un commerçant, et pour cause étrangère au commerce, n'en a pas moins le caractère d'effet négociable et transmissible par voie d'endossement. (*Cassation. Sirey*, t. 22, p. 55.)

5° Le protêt tardif d'un billet à ordre réputé simple promesse, pour défaut de l'énonciation de la valeur fournie, n'empêche pas le recours du porteur contre celui au profit de qui le billet est souscrit, et qui l'a transmis par voie d'endossement. (*Trèves. Sirey*, t. 16, p. 103.)

6° Encore qu'un billet ne soit pas écrit en entier de la main du débiteur et qu'il ne contienne pas un bon ou un approuvé, portant en toutes lettres la somme ou la quantité de la chose, les tribunaux peuvent le déclarer valable, s'il résulte des faits et circonstances de la cause que la créance est sincère et véritable. (*Arrêt de la cour de Paris*, du 18 *février* 1808.)

7° Le signataire d'un billet nul faute d'approbation, n'est pas moins tenu de payer, si l'obligation peut être prouvée de toute autre manière légale. (*Arrêt de la cour de Turin*, du 20 *avril* 1808.)

8° L'approbation de la somme, en toutes lettres, n'est pas nécessaire de la part de l'individu non marchand ou artisan, dans un billet qu'il souscrit conjointement avec un individu marchand. (*Arrêt de la cour de Bruxelles*, du 27 *juin* 1809.)

9° L'obligation d'approuver, en toutes lettres, un billet signé, mais non écrit de la main du signataire, s'étend même au cas où le billet est souscrit par deux obligés solidaires et écrit en toutes lettres par l'un d'eux. (*Arrêt de la Cour de Lyon, du 31 août 1818.*)

10° Les mots *payable en faveur d'un tel*, dans un bon ou un billet, n'équipolent pas aux mots *payable à l'ordre d'*un tel, et ne rendent pas le billet transmissible par voie d'endossement. En ce cas, le cessionnaire du billet est soumis à toutes les exceptions, notamment aux mêmes compensations qui sont opposables à son cédant. (*Arrêt de la cour de Douai, du 24 octobre 1809.*)

11° Lorsque les billets à ordre ne portent que des signatures d'individus non négociants, et ne sont causés pour opérations de commerce, trafic, change, banque ou courtage, ils ne sont point de la compétence du tribunal de Commerce ; néanmoins ce tribunal n'est tenu de renvoyer au tribunal Civil que s'il en est requis par le défendeur. (*Art. 636 du code de Commerce.*)

12° Lorsque les billets à ordre ne portent en même temps des signatures d'individus négociants et d'individus non-négociants, le tribunal de Commerce en connaît ; mais il ne peut prononcer la contrainte par corps contre les individus non-négociants, à moins qu'ils ne soient engagés à l'occasion d'opérations de commerce, trafic, change, banque ou courtage. (*Art. 637 du Code de Commerce.*)

## ARTICLE II.

### MODÈLE DU BILLET A DOMICILE.

B. P. F. **2400**

En foire de Beaucaire prochaine, je paierai à mon domicile ci-bas, à l'ordre de MM. A. Terras et C°, *DEUX MILLE QUATRE CENTS FRANCS*, valeur reçue comptant.

Lyon, le 1er avril 1829.

*Fayet* aîné.

A mon domicile, barraque n° 54, sur le pré,
*A BEAUCAIRE.*

SECOND MODÈLE.

B. P. Fo 1200.

*Courant juin prochain, nous paierons au domicile ci-bas,*
*à l'ordre de M. Dupré,* DOUZE CENTS FRANCS,
*valeur reçue en marchandises.* *Pau, le 9 avril* 1829.

*BARAN frères.*

*Chez Messieurs*
*TEULIÈRES père et* C<sup>e</sup>
*A BAYONNE.*

Cette deuxième stipulation, qui comprend deux modèles de billets, savoir, l'un exprimé à mon domicile, et l'autre au domicile d'un tiers, s'emploie ordinairement par celui qui trouve plus d'avantage ou plus de facilité à négocier son billet payable sur une autre place que sur la sienne, ou qui par convenance réciproque avec un créancier ou un preneur, préfère se libérer dans l'endroit où il a des fonds à recevoir, et dont il ne peut disposer par traite, dans la crainte d'un refus d'acceptation.

## ARRÊTS.

1° Lorsqu'un billet à domicile est payable en un lieu autre que celui d'où il est tiré, lorsque par suite il offre une remise de place en place, ce billet a le caractère de lettre de change, tellement que les tribunaux de Commerce sont compétents pour en connaître, encore bien que les parties ne soient ni boutiquiers ni négociants. (*Arrêt de la cour de Bruxelles, du 17 février* 1807.)

2° L'article 16 du titre 5 de l'ordonnance de 1673, qui rend les tireurs et endosseurs responsables dans tous les cas, s'ils ne prouvent la provision à l'échéance, ne s'applique pas aux billets à domicile. (*Arrêt de la cour de Cassation, du 1<sup>er</sup> septembre* 1807.)

3° Le billet à domicile est d'une tout autre nature, que le billet de change; il n'emporte pas la contrainte par corps. (*Arrêt de la cour de Cassation, du 14 janvier 1817.*)

## ARTICLE III.

MODÈLE DU BILLET AVEC ÉLECTION DE DOMICILE.

---

B. P. F. 765.

*Le douze octobre prochain, je paierai au domicile ci-bas, où je fais élection de domicile, et à l'ordre de MM. Pascal et Cᵉ, la somme de SEPT CENT SOIXANTE-CINQ FRANCS, valeur pour solde de tout compte.* Orléans, le 24 mai 1829.

ROQUES.

*Chez Messieurs DUPRÉ frères et LAMBERT, A LYON.*

---

Cette troisième stipulation, où le mot *élection de domicile* est inséré, s'exige ordinairement d'un marchand colporteur, ou de tout autre individu dont le domicile est incertain. Dès lors; en cas de non-paiement de l'effet, le créancier porteur du titre a le droit de faire assigner son débiteur au lieu du paiement qu'il a choisi (celui de sa résidence) plutôt qu'à son domicile fictif; ce qui lui procure la facilité de l'attirer devant ses juges naturels, et d'obtenir plus promptement et à moins de frais sa condamnation.

# ARTICLE IV.

MODÈLE DU BILLET AVEC STIPULATION DE NÉGOCIANT.

B. P. F. 950.

*Au quinze août prochain, je soussigné négociant, paierai à l'ordre de MM. V° Mouran et fils, NEUF CENT CINQUANTE FRANCS, valeur reçue en marchandises.*     *Perpignan, le 9 mai 1829.*

*G. CORBIÈRE.*

Cette quatrième stipulation, où le mot *négociant* est inséré, ne diffère de celle du billet à ordre que par la qualification de négociant qu'on fait décliner à son débiteur, lorsqu'il n'est pas assez notoirement reconnu pour commerçant; ce qui donne la faculté, en cas de non-paiement, d'obtenir la contrainte par corps, sans être obligé d'avoir recours à une enquête pour prouver sa qualité de négociant.

# ARTICLE V.

MODÈLE DU BILLET SOLIDAIRE.

B. P. F. 1100.

*Par tout septembre prochain, nous paierons solidairement, ou l'un pour l'autre, à l'ordre de Monsieur Roux, la somme de ONZE CENTS FRANCS, valeur reçue comptant.*
*Grenoble, le 24 avril 1829.*

*ROUMIER.*

*Bon pour la somme de onze cents francs.*
*BÉRARD.*

*Nota.* Le corps du billet étant écrit de la main de Roumier, il est dispensé de la répétition de l'approbation de la somme au dessus de sa signature; tandis qu'il en est différemment pour Bérard qui n'est que simple signataire.

Cette cinquième stipulation (du billet solidaire) est réclamée quand on veut assujétir un débiteur à donner caution, ou que l'on veut aussi faire régler deux débiteurs pour le même objet. Par cette manière de réglement on peut, en cas de non-paiement à l'échéance, se dispenser de le faire constater par un acte de protêt, parce qu'étant seul endosseur et porteur, l'effet ne périme pas; et que, dans le cas contraire, si la caution ou l'un des débiteurs était endosseur ou garant par aval, le protêt deviendrait indispensable.

L'usage des billets solidaires n'est pas ancien, il date du commencement du dix-huitième siècle. A cette époque les traitants et gens d'affaires immiscés dans les finances de l'état s'en servaient sous le nom de *billets de compagnie*, *billets solidaires*, suivant l'auteur du *Praticien des Juges et Consuls*, qui a écrit en 1709.

## ARRÊTS.

1º Celui qui a souscrit un billet conjointement avec un autre, ne peut être dispensé de le payer, sous prétexte qu'il n'a point reçu l'argent du prêteur, et que le coobligé a pris l'entière somme prêtée; peu importe que le prêteur même convienne de ce fait. (*Arrêt de la cour de Cassation, du 23 germinal an x — 13 avril 1802.*)

2º Le billet écrit de la main d'un débiteur solidaire est nul à l'égard de ceux de ces codébiteurs qui n'ont fait que le signer sans approuver la somme. (*Arrêt de la cour de Bruxelles, du 23 juillet 1811.*)

3º Lorsque dans un billet à ordre causé valeur reçue comptant, et souscrit en même temps par un individu marchand et un autre qui ne l'est pas, la solidarité n'est pas stipulée, le souscripteur non-marchand est soumis à la solidarité généralement prescrite contre les signataires de billets à ordre ou lettres de change. (*Arrêt de la cour de Paris, du 18 mai 1812.*)

4º Le principe consacré par l'article 187 du Code de Commerce, que la solidarité d'un billet à ordre ou d'une lettre de change est soumise aux règles particulières du commerce, ne reçoit pas application quand il s'agit de solidarité convenue par une marchande publique. (*Arrêt de la cour de Cassation, du 6 mai 1816.*)

*Nota.* Voyez les deux paragraphes 8 et 9 de la *Notice de quelques arrêts sur le billet à ordre*, p. 34.

## ARTICLE VI.

### MODÈLE DU BILLET SOUSCRIT PAR MARI ET FEMME.

> *Dans un an, ma femme que j'autorise par le présent, et moi, pro-
> mettons de payer solidairement l'un pour l'autre, un seul pour tous, à
> l'ordre de M. Vigne aîné, la somme de TROIS MILLE FRANCS,
> valeur en compte et pour solde.*     *Toulouse, le 1ᵉʳ mai 1829.*
>
>                                  THIBAUD,
>
> *Bon pour trois mille francs, approu-
> vant le contenu ci-dessus.*
>     THIBAUD, *née Coirière.*

Cette sixième stipulation, du billet souscrit par le mari et la femme, est fort rare, parce qu'en général les femmes sont peu disposées à s'engager; mais néanmoins l'occasion peut s'en présenter lorsqu'un créancier, pour assurer sa créance, exige la garantie de la femme, qui souvent ne peut la refuser dans la crainte du danger des intérêts communs.

Par cette prévoyance, le créancier a toute sécurité en cas de faillite du mari, puisqu'il peut exercer son recours sur les droits dotaux de la femme, qui, lorsque son mari est marchand, est justiciable des tribunaux de Commerce par action principale. (*Bruxelles. Sirey*, t. 9, p. 407). Jugé en ce sens. (*Paris. Sirey*, t. 12, p. 318.)

### ARRÊTS.

1° La cour de Bruxelles a de nouveau consacré ce principe à l'égard de la femme non-commerçante qui souscrit une lettre de change conjointement avec un négociant. (*Sirey*, t. 13, p. 240.)

2° Le billet souscrit solidairement par la femme et le mari est nul à l'égard de la femme, s'il ne contient pas l'approbation de la somme écrite en toutes lettres de la main de la femme, quoique le billet ait été écrit par le mari solidaire. Le billet ne peut pas même servir comme commencement de preuve par écrit. (*Arrêt de rejet de la cour de Cassation, du 22 avril 1818.*)

## ARTICLE VII.

### BILLET AU PORTEUR.

Le billet au porteur étant suranné, et l'usage n'en étant presque plus connu, il est inutile de faire revivre cet ancien titre, qui fut défendu par un édit de 1716, et rétabli par une déclaration du roi du 21 janvier 1721, redéfendu ensuite par la loi du 8 novembre 1792 par la crainte de la concurrence avec les assignats; et enfin rétabli encore pour la seconde fois par la loi du 25 messidor an 3 — 13 juillet 1795. (*Voyez Mandat au porteur*, page 29.)

## ARTICLE VIII.

### DU CAS OU L'ON REMPLACE LE BILLET PAR UNE TRAITE.

Lorsqu'on fait un prêt en espèces, ou que l'on règle une créance à des époques assez reculées pour le paiement, on doit, par prévoyance, dans la crainte que le débiteur ne devienne insolvable, ou qu'il n'aliène ou ne vende ses propriétés avant l'époque de sa libération, se faire consentir une traite plutôt qu'un billet, malgré qu'on soit assuré que celui sur qui il tirera, n'acceptera ni ne paiera à l'échéance, attendu qu'on ne peut, d'après l'axiome de droit, réclamer le paiement d'un billet qui n'est pas échu.

Lorsqu'on est nanti d'une traite, si le débiteur paraît être en déconfiture avant l'échéance, on peut légalement faire présenter son titre à l'acceptation, et, quoique certain d'un refus, le faire constater par l'acte de protêt faute d'acceptation, qu'on fait signifier au débiteur, qui, ne pouvant rembourser ou donner caution., se trouve, d'après l'article 120 du Code., obligé de rembourser incontinent la valeur ; et faute de remboursement , on le fait citer et l'on obtient condamnation et contrainte par corps, qu'on peut faire mettre à exécution , si mieux on n'aime faire assurer sa créance par une saisie mobilière, ou prendre hypothèque sur les immeubles qui n'ont encore pu être divertis.

## TITRE SIXIÈME.

# Du Billet simple et de la simple Promesse.

Article 1326 du Code Civil. « Le billet ou la promesse sous seing-privé , par lequel une seule partie s'engage envers l'autre à lui payer une somme d'argent ou une chose appréciable, doit être écrit en entier de la main de celui qui le souscrit ; ou du moins il faut qu'outre sa signature, il ait écrit de sa main un bon ou un approuvé portant en toutes lettres la somme ou la quantité de la chose ;

« Excepté dans le cas où l'acte émane de marchands, artisans, laboureurs, vignerons, gens de journée et de service. »

Le billet simple et la simple promesse diffèrent du billet à ordre en ce qu'ils ne sont pas négociables, c'est-à-dire transmissibles par la voie de l'endossement ; ce qui leur donne le caractère d'un acte sous seing-privé se rattachant au droit civil qui n'assujétit pas à la contrainte par corps.

Le transport néanmoins peut en être fait par une cession formelle ; mais il n'a d'effet vis-à-vis du débiteur que d'après son consentement ou par la signification qui lui en est faite pour lui faire légalement connaître le nouveau porteur entre les mains duquel il doit se libérer. (Articles 1690 et 1691 du Code Civil.)

Le cédant n'est point responsable de la solvabilité du débiteur, il doit seulement garantir la sincérité de l'existence de sa créance au temps du transport, et non au temps à venir, à moins qu'il n'y ait de sa part stipulation contraire. ( Articles 1693 , 1694 et 1695 du Code Civil. )

# ARTICLE PREMIER.

### MODÈLE DU BILLET SIMPLE.

> *Fin septembre prochain, je paierai à Monsieur Gautier la*
> *somme de HUIT CENT VINGT-QUATRE FRANCS,*
> *valeur reçue comptant.*      *Nantes, le 30 mars 1829.*
>
>          *BLATIN aîné.*
>
> *B. P. F. 824.*

Le billet simple est toujours avantageux pour un souscripteur qui ne désire
pas que sa signature circule, et qui aime mieux se libérer entre les mains de
son créancier direct qu'entre celles d'un tiers, puisqu'en cas de non-paiement
à l'échéance, le créancier, peut sans nuire à ses intérêts, se dispenser de lui
faire éprouver le désagrément d'un protêt.

# ARTICLE II.

### MODÈLE DE LA SIMPLE PROMESSE.

> *Dans un an, je promets payer à Monsieur Ravel la somme*
> *de SIX MILLE FRANCS, avec intérêt à cinq pour cent*
> *l'an, pour autant qu'il m'a compté ce jour en espèces.*
>          *Lyon, le 1er juin 1829.*
>
>          *NANT.*
>
> *B. P. F. 6000.*

## COMMENTAIRES.

La simple promesse est ordinairement le titre qu'on remet en contre-valeur d'un prêt en espèces, et par conséquent moins sujet à la transmission que le billet simple, attendu qu'il est plutôt reconnu comme occulte qu'ostensible ; c'est donc sous ce rapport qu'il convient de suivre la rédaction du modèle ci-dessus, puisqu'il est en harmonie avec l'article 1905 du Code Civil, qui permet de stipuler séparément le capital d'avec les intérêts :

Néanmoins il est loisible, si l'on ne veut pas faire connaître l'intérêt conventionnel, de le comprendre avec le capital, pour n'en former qu'une seule et même somme dans la rédaction de l'effet.

Maintenant il faut observer les chances qu'on a à courir pour les cas qui peuvent se présenter.

1º Si le souscripteur d'un billet simple ou d'une simple promesse devient insolvable à l'époque de son échéance, et que l'effet ait été indûment transmis par endossement, le porteur ne peut avoir aucun recours en garantie, soit individuellement, soit collectivement, contre les endosseurs, parce que ces prétendus endosseurs ne sont que des cédants ordinaires.

2º Au cas qu'un souscripteur d'un effet se libère avant l'échéance entre les mains de son créancier sans retirer son engagement, mais en se faisant donner une quittance dûment enregistrée, il est parfaitement libéré, et le porteur, s'il y en avait un, ne peut lui faire aucune réclamation, même dans le cas d'insolvabilité de son cédant.

3º La libération sur quittance n'est plus admissible, si chaque cessionnaire de l'effet a eu la précaution de faire signifier au souscripteur l'acte de cession, parce qu'il est averti que son engagement vient de passer à un tiers, et qu'il ne peut se libérer valablement qu'entre les mains de ce tiers ; par conséquent tout paiement fait contre ce principe, le souscripteur sera tenu de payer une seconde fois, sauf néanmoins son recours contre celui en faveur duquel l'engagement a été fait.

On peut se dispenser à l'échéance, en cas de non-paiement, de faire protester de pareils billets, par la raison qu'on ne proteste que pour conserver sa garantie contre qui de droit ; néanmoins, si l'on veut être remboursé de suite, l'acte de protêt est indispensable, puisque d'ailleurs il procure l'avantage d'éviter la chicane de la mise en demeure, et qu'aux termes des articles 184 et 187 du Code de Commerce, on jouit, du jour du protêt, des intérêts du principal.

ARRÊT.

Lorsqu'un billet est opposé aux héritiers du signataire, et que le juge leur a ordonné de déclarer s'ils ne reconnaissent l'écriture et la signature, leur défaut de s'expliquer équivaut à une reconnaissance. ( *Arrêt de rejet de la cour de Cassation, du 17 mai 1808.* )

## ARTICLE III.

### DE LA PROROGATION.

On entend par *prorogation* le consentement du créancier à prolonger l'époque du paiement.

La prorogation n'est applicable qu'au billet simple et à la simple promesse, qui ne sont pas des titres transmissibles par la voie de l'endossement, et par conséquent sont susceptibles de modification particulière entre le créancier et le débiteur, qui veulent économiser un timbre ou s'éviter la peine de refaire un nouveau titre.

Il arrive même souvent que le créancier préfère conserver le titre primitif plutôt que de le faire renouveler, attendu que si après le second délai accordé le paiement ne s'effectue pas, il peut prouver à la justice que sa complaisance ayant déja été mise à l'épreuve, on doit forcer le débiteur à une plus prompte libération.

La stipulation de la prorogation s'appose au bas du corps de l'effet par celui en faveur duquel il est souscrit.

EXEMPLE :

*Prorogé au 31 décembre prochain.*<br>NANT.

Le mot *prorogé* étant assez explicatif, on peut se dispenser de toute autre rédaction pour le même sujet, parce qu'il ne fait pas déroger aux autres conditions de l'engagement, et principalement à celle des intérêts, qui courent toujours de plein droit et en totalité, s'il n'est prouvé par reçu particulier, ou sur l'effet même, que ceux qui sont échus ont été payés.

## TITRE SEPTIÈME.

# De la Provision.

Art. 115. « La provision doit être faite par le tireur, ou par celui pour le compte de qui la lettre de change sera tirée, sans que le tireur cesse d'être personnellement obligé. »

Cet article a été modifié ainsi qu'il suit, par la loi du 19 mars 1817 :

« La provision doit être faite par le tireur, ou par celui pour le compte de qui la lettre de change sera tirée, sans que le tireur pour compte d'autrui cesse d'être personnellement obligé envers les endosseurs et le porteur seulement. »

116. « Il y a provision, si, à l'échéance de la lettre de change, celui sur qui elle est fournie, est redevable au tireur ou à celui pour le compte de qui elle est tirée, d'une somme au moins égale au montant de la lettre de change. »

117. « L'acceptation suppose la provision.

« Elle en établit la preuve à l'égard des endosseurs.

« Soit qu'il y ait ou non acceptation, le tireur seul est tenu de prouver, en cas de dénégation, que ceux sur qui la lettre était tirée avaient provision à l'échéance ; si non il est tenu de la garantir, quoique le protêt ait été fait après les délais fixés. »

On entend par provision la remise qui doit être faite au tiré d'une lettre de change pour que le paiement en soit effectué.

La provision peut être faite valablement de plusieurs manières au tiré, savoir :

1° Par la remise de lettre de change ;

2° Par un envoi de marchandises ;

3º Par une expédition d'un group d'espèces ;

4º Par l'ordre de fournir en remboursement pareille valeur ;

5º Par l'application pour solde ou à valoir sur ce que peut devoir le tiré ;

6º Par l'acceptation à découvert convenue avec le tiré ;

7º Par l'autorisation de remboursement sur une autre place, ce qui opère le virement.

Enfin, toutes les provisions sont bonnes, parce qu'elles produisent le même effet.

Celui qui tire pour compte d'un tiers se trouve dégagé de faire la provision ; mais en cas de faillite de celui sur qui la lettre de change est tirée, il est personnellement responsable du paiement envers les endosseurs et le porteur seulement. ( Voyez *Traite pour compte*, p. 15. )

### ARRÊTS.

1º Lorsque le tireur d'une lettre de change, poursuivi en garantie après les délais utiles, est obligé de prouver qu'il y avait provision chez le tiré à l'échéance de la lettre de change, la preuve de cette provision doit être faite par écrit et non par témoins, surtout si le tiré a déclaré, lors du protêt, qu'il n'avait pas de provision. ( *Arrêt de la cour de Bruxelles*, *du 29 février* 1808. )

2º En matière de lettre de change, les donneurs d'avals, ou cautions du tireur, sont assujétis, tout aussi bien que le tireur lui-même, à prouver qu'il y avait provision à l'échéance, pour pouvoir exciper de la tardiveté du protêt. ( *Arrêt de la cour de Limoges*, *du 18 juin* 1810. )

3º L'acceptation d'une lettre de change ne prouve pas à elle seule qu'il y eût provision à l'échéance ; ce n'est qu'une simple présomption. ( *Arrêt de la cour de Bruxelles*, *du 21 mars* 1810. )

4º L'acceptation d'une lettre de change ne dispense pas le tireur de prouver qu'il y avait provision à l'échéance ; le tireur est tenu de faire cette preuve, alors même que le protêt n'a pas été fait dans le délai de la loi.

Celui à l'ordre duquel est passé un effet qualifié de lettre de change, a le droit de le négocier, bien que l'effet n'annonce pas qu'il en a fourni la valeur. ( *Arrêt de la cour de Bruxelles*, *du 21 mars* 1810. )

5º Lorsqu'une lettre de change est payable hors du domicile de celui sur qui elle est tirée, et que le protêt en est fait tardivement, le tireur, pour éviter l'action en recours, doit prouver, non seulement qu'il y avait provision au pouvoir de celui sur qui la lettre était tirée, mais encore que la provision existait dans le lieu où la lettre devait être acquittée. ( *Arrêt de la cour de Paris, du 17 mai 1811.* )

6° L'acceptation n'est pas preuve de provision à l'égard du tireur qui a tiré pour compte d'autrui. Si donc le tireur est poursuivi à défaut de paiement, il n'a son recours sur l'accepteur qu'à charge de prouver contre lui l'existence de la provision. ( *Arrêt de la cour de Paris, du 13 juin 1811. — Arrêt de rejet de la cour de Cassation, du 25 juin 1812* ).

7° Le tireur pour compte d'autrui est obligé personnellement vis-à-vis du tiré, tout aussi bien que vis-à-vis des tiers porteurs. Ainsi le tiré peut le contraindre à faire provision ou à la justifier. ( *Arrêt de rejet de la cour de Cassation, du 27 avril 1812.* )

8° Lorsque le porteur d'une lettre de change payable à un autre domicile que celui du tiré, a négligé de se présenter et de faire le protêt à l'échéance, il est déchu de tout recours contre le tireur, si celui-ci ne justifie que le tiré lui devait le montant de la lettre de change au jour de son échéance. Le tireur n'est donc point du tout obligé de justifier qu'il y ait eu provision au domicile du tiers indiqué pour le paiement.

En d'autres termes : la loi ne fait pas de différence entre la lettre de change payable au domicile du tiré, et la lettre de change payable au domicile élu par l'accepteur, en ce qui regarde la nature de la provision qui a dû exister pour que le tireur puisse opposer la déchéance au porteur négligent. ( *Arrêt de la cour de Cassation, du 24 février 1812.* )

9° Le tireur d'une lettre de change en demeure garant tant qu'il y avait provision chez le tiré au moment de l'échéance.

La faillite du tiré avant l'époque de l'échéance détruit la provision qui existait auparavant. ( *Arrêt de la cour de Paris, du 19 novembre 1813.* )

10° L'accepteur d'une lettre de change ne peut en refuser le paiement, sous prétexte qu'à l'époque de l'acceptation, il n'y avait pas provision entre ses mains ; à l'égard du porteur, l'acceptation fait preuve de la provision. ( *Arrêt de la cour d'Aix, du 29 février 1815.* )

# TITRE HUITIÈME.

# De l'Acceptation.

Art. 118. « Le tireur et les endosseurs d'une lettre de change sont garants solidaires de l'acceptation et du paiement à l'échéance. »

119. « Le refus d'acceptation est constaté par un acte qu'on nomme *protêt faute d'acceptation.* »

120. « Sur la notification du protêt faute d'acceptation les endosseurs et tireurs sont respectivement tenus de donner caution pour assurer le paiement de la lettre de change à son échéance, ou d'en effectuer le remboursement avec les frais de protêt et de rechange.

« La caution soit du tireur, soit de l'endosseur, n'est solidaire qu'avec celui qu'elle a cautionné. »

121. « Celui qui accepte une lettre de change contracte l'obligation d'en payer le montant.

« L'accepteur n'est pas restituable contre son acceptation, quand même le tireur aurait failli à son insu avant qu'il eût accepté. »

122. « L'acceptation d'une lettre de change doit être signée.

« L'acceptation est exprimée par le mot *accepté.*

« Elle est datée si la lettre est à un ou plusieurs jours ou mois de date ;

« Et dans ce dernier cas, le défaut de date de l'acceptation rend la lettre exigible au terme y exprimé, à compter de sa date. »

123. « L'acceptation d'une lettre de change payable dans un autre lieu que celui de la résidence de l'accepteur, indique le domicile où le paiement doit être effectué, ou les diligences faites. »

124. « L'acceptation ne peut être conditionnelle ; mais elle peut être restreinte quant à la somme acceptée.

« Dans ce cas le porteur est tenu de faire protester la lettre de change pour le surplus. »

125. « Une lettre de change doit être acceptée à sa présentation, ou, au plus tard, dans les vingt-quatre heures de la présentation.

« Après les vingt-quatre heures , si elle n'est pas rendue acceptée ou non-acceptée, celui qui l'a retenue est passible de dommages-intérêts envers le porteur. »

On compte trois sortes d'acceptations :

L'acceptation simple ;

L'acceptation conditionnelle ;

Et l'acceptation par intervention.

## ARTICLE PREMIER.

### DE L'ACCEPTATION SIMPLE.

L'acceptation simple est l'assurance que donne celui sur qui une lettre de change est tirée, qu'elle sera payée à son échéance.

Par cette sûreté, sur laquelle le preneur compte en devenant possesseur de la lettre, il peut, en cas de non-acceptation, réclamer caution ou sûreté équivalant à la confiance que pouvait inspirer le tiré , ou à défaut, exiger le remboursement avec les frais de protêt et de rechange, suivant l'article 120.

L'acceptation est obligatoire pour celui sur qui l'on tire, lorsqu'il est débiteur, soit pour achat de marchandises , pour solde de compte, soit pour toute autre raison, et pourvu surtout que la créance soit échue, ou doive échoir, au temps de l'échéance de la lettre.

Dans cette hypothèse, si le débiteur refuse indûment l'acceptation , il devient passible envers le porteur, de tous frais, dommages et intérêts, occasionnés par le retour de la traite.

Si, au contraire, on tire à découvert sur un banquier chez lequel on a un crédit ouvert , et qu'on éprouve un refus d'acceptation , les frais sont à la charge du tireur, qui néanmoins peut faire valoir ses droits contre l'inexécution du crédit accordé.

L'article 122 dit que l'acceptation doit être signée, et exprimée par le mot *accepté*.

Il ne s'en suit pas pour cela, qu'on doive strictement s'attacher au simple mot *accepté* , attendu que la loi ne le rend pas péremptoire.

Dans ce cas, suivant l'usage généralement adopté, on doit, pour prévenir toute subtilité, mentionner en toutes lettres le montant de la somme pour laquelle on accepte, afin de ne pas encourir les suites funestes des surcharges que des exemples n'ont que trop confirmées.

Tel que celui de MM. T........ et R........ banquiers à Paris, qui, n'acceptant que pour 30 mille livres, furent obligés, et même condamnés à payer 300 mille livres, par l'effet des surcharges.

L'acceptation se pose ordinairement au dessous de la signature du tireur de l'effet, comme il suit, et d'après l'exemple de la page 15.

*Accepté pour douze mille francs.*

**PIERRE.**

L'échéance des traites tirées,

à un ou plusieurs jours
à un ou plusieurs mois    } de vue,
à une ou plusieurs usances

est fixée par la date de l'acceptation, ou par celle du protêt faute d'acceptation (article 131). Par conséquent, si l'accepteur néglige la date de son acceptation, il est censé avoir consenti à faire courir le terme du jour où la lettre a été tirée, et dans ce cas il ne peut profiter du délai que l'apposition de la date lui offrait (article 122).

EXEMPLE :

*Accepté pour cinq mille francs.*
*Le 5 mars 1828.*

**LAFFITE et C°.**

## ARTICLE II.

### DE L'ACCEPTATION CONDITIONNELLE.

L'acceptation ne peut être conditionnelle, mais elle peut être restreinte quant à la somme acceptée, d'après l'article 124.

La loi entend par *conditionnelle*, que l'accepteur ne peut se réserver le droit dans son acceptation de n'acquitter la lettre à son échéance qu'autant que le tireur lui ferait la provision.

Quant à la restriction, elle est de plein droit, et ne peut souffrir aucune difficulté, si celui qui la fait est fondé.

Par conséquent, si l'on tire sur un débiteur pour une plus forte somme que celle qu'il doit, il peut refuser l'acceptation, mais offrir celle du montant dont il est réellement débiteur.

Si pareillement on fournit à un terme plus rapproché que l'époque de la convention du paiement, on peut aussi restreindre son acceptation à celui où l'on est légalement débiteur.

Enfin, si l'on dispose pour retour de recouvrement, et que la valeur d'espèces désignée dans la traite ne soit pas conforme à la valeur reçue; il existe encore restriction de la part de l'accepteur.

La loi a institué l'acceptation restrictive dans l'intérêt des tireurs et endosseurs, afin de faire tourner à leur décharge les paiements à compte ; dans ce cas le porteur est tenu de faire protester la lettre de change pour le surplus (article 156).

Tout porteur d'effet ne peut strictement acquiescer à des acceptations conditionnelles ou restreintes, s'il n'y est autorisé par le cédant ou le tireur ;

Néanmoins il a l'option d'agir d'après sa volonté, s'il conçoit des craintes d'insolvabilité de la part de ceux qui lui ont cédé la lettre de change;

Et dans cette hypothèse il peut condescendre aux propositions de l'accepteur pour mettre ses intérêts à couvert, mais il doit faire protester la lettre de change pour le surplus (article 124 ).

EXEMPLES :

*Acceptation pour payer 5000 fr. au lieu de 6000, que porte la lettre de change.*

Accepté pour payer seulement
cinq mille francs.

LAFFITE et C<sup>e</sup>.

*Acceptation pour ne payer que le 30 mars une lettre de change à échéance le 30 janvier.*

Accepté pour six mille francs, pour payer
le 30 mars prochain.

Lyon, le 10 février 1828.

Jean BONTOUX et Cᵉ.

*Acceptation pour payer une lettre de change en écus de cinq francs, et non en pièces d'or, suivant la stipulation.*

Accepté pour payer six mille francs en écus de 5 francs,
et non en d'autres espèces.

Vᵉ GUÉRIN et fils.

## ARTICLE III.

### DU MOT *VU* AVEC SIGNATURE.

Le *vu* avec signature équivaut à une acceptation.

Le tribunal de Turin jugea, le 8 novembre 1809, que le simple mot *vu* accompagné de la signature de celui sur qui la lettre de change est tirée, avait l'effet d'une acceptation.

M. le procureur général Merlin, qui fut consulté le 2 juillet 1810 sur le mérite de cet arrêt, répondit qu'il avait été très bien rendu.

### ARRÊTS.

1° Le porteur d'une lettre de change payable à jour fixe conserve son recours contre les endosseurs, encore qu'il ne la fasse pas protester faute d'acceptation, quelque recommandation qui lui en ait été faite. (*Bruxelles. Sirey*, t. 11, page 414.)

2º Celui qui a excepté une lettre de change tirée sur lui, en est devenu débiteur, et s'il arrive que la lettre de change soit passée à son ordre avant l'échéance, il en devient alors créancier. De cette double qualité de créancier et de débiteur de la même lettre de change résulte une extinction de la dette par confusion ; dès lors un endossement fait par cet accepteur porteur n'aurait pas l'effet de transférer la propriété et d'ouvrir au nouveau porteur un recours contre les autres endosseurs à défaut de paiement. (*Arrêt de rejet de la cour de Cassation*, du 14 *floréal an* 9 — 4 *mai* 1801.)

3º L'accepteur ne peut se refuser en paiement d'une lettre de change, sous le prétexte que l'ordre est en blanc; les endosseurs et leurs créanciers sont les seuls qui puissent faire valoir ce moyen. (*Arrêt de la cour de Paris*, du 23 *brumaire an* 12 — 15 *novembre* 1803.)

4º L'accepteur d'une lettre de change est justiciable des tribunaux de Commerce, et sujet à la contrainte par corps, quoiqu'il ne soit pas commerçant. (*Arrêt de la cour de Paris*, du 6 *décembre* 1806.)

5º Une lettre de change, tirée d'une place sur une autre place, ne doit pas être réputée simple promesse, parce qu'elle aurait été acceptée dans le lieu même d'où elle aurait été tirée. (*Arrêt de la cour de Turin*, du 28 *août* 1807).

6º L'accepteur d'une lettre de change peut être traduit afin de condamnation à paiement devant le tribunal de l'endosseur, encore que ce ne soit pas celui de son domicile. (*Arrêt de la cour de Paris*, du 14 *septembre* 1808.)

7º Celui qui en répondant à une lettre dit qu'il fera bon accueil à un mandat, n'est pas censé, par cela seul, l'avoir accepté. (*Arrêt de la cour de Bruxelles*, du 25 *décembre* 1809.)

8º L'accepteur d'une lettre de change est valablement traduit à fin de condamnation à paiement devant le tribunal du lieu où il s'est obligé de payer la lettre de change, encore que ce tribunal ne soit pas celui de son domicile. (*Arrêt de la cour de Paris*, du 26 *novembre* 1818.)

9º L'acceptation d'une lettre de change faite par une femme non-marchande, vaut à son égard comme simple promesse, lorsqu'elle ne porte pas un bon, ou approuvé, en la forme prescrite par l'article 1326 du Code Civil. (*Arrêt de rejet de la cour de Cassation*, du 28 *avril* 1819.)

# ARTICLE IV.

## DE L'ACCEPTATION PAR INTERVENTION.

Art. 126 « Lors du protêt faute d'acceptation, la lettre de change peut être acceptée par un tiers intervenant pour le tireur ou pour l'un des endosseurs.

« L'intervention est mentionnée dans l'acte de protêt ; elle est signée par l'intervenant. »

127. « L'intervenant est tenu de notifier sans délai son intervention à celui pour qui il est intervenu. »

128. « Le porteur de la lettre de change conserve tous ses droits contre le tireur et les endosseurs, à raison du défaut d'acceptation par celui sur qui la lettre était tirée, nonobstant toute acceptation par intervention. »

Lorsqu'il y a refus d'acceptation de la part de celui sur qui une lettre de change est tirée, et qu'un banquier, un correspondant, ou un ami se présente pour remplir cette formalité, c'est ce qui constitue l'acceptation par intervention.

L'acceptation par intervention n'arrête pas les poursuites du porteur contre les coobligés de la lettre, s'il ne trouve dans l'intervenant la même solvabilité qu'il présumait avoir avec le tiré.

On peut indistinctement intervenir, soit pour le tireur, soit pour les endosseurs ; en ce cas, le protêt d'intervention fait mention de ceux pour qui l'on intervient, et l'acceptation doit porter les lettres initiales de leurs noms.

EXEMPLE :

*Accepté pour quatre mille francs*
*pour compte de D. C.*

*SCHÉRER et Cᵉ.*

Si l'échéance de la lettre doit être fixée pour l'époque de l'acceptation, il faut alors relater la date, comme au précédent exemple.

L'acceptation par intervention est irrévocable, quand même le tiré accepterait ensuite purement et simplement. ( *Pardessus. Cours de Droit Commercial*, t. 2 , p. 456. )

## ARTICLE V.

### DU BESOIN.

Les besoins qu'on indique sur les lettres de change, ou sur les billets, sont ordinairement à l'adresse d'un banquier ou d'un correspondant qui habite la même ville , où l'effet qu'on tire ou qu'on négocie est payable.

En cas de non-paiement, ceux sur qui le besoin a été indiqué, interviennent pour l'honneur de la signature de celui qui les a désignés , et , sur un protêt d'intervention, acquittent l'effet.

Par ce moyen l'on évite les frais d'un compte de retour, et l'on se trouve momentanément dispensé d'un remboursement, qui souvent peut être nuisible au crédit.

### TITRE NEUVIÈME.

# De l'Échéance.

Art. 129. « Une lettre de change peut être tirée

à vue,  
à un ou plusieurs jours  
à un ou plusieurs mois  } de vue,  
à une ou plusieurs usances  
à un ou plusieurs jours  
à un ou plusieurs mois  } de date , .  
à une ou plusieurs usances  
à jour fixe ou à jour déterminé ,  
en foire. »

130. « La lettre de change à vue est payable à sa présentation.

131. « L'échéance d'une lettre de change

A un ou plusieurs jours

A un on plusieurs mois  } de vue,

A une ou plusieurs usances

est fixée par la date de l'acceptation , ou par celle du protêt, faute d'acceptation.

132. « L'usance est de trente jours, qui courentdu lendemain de la date de la lettre de change.

« Les mois sont tels qu'ils sont fixés par le calendrier grégorien.

133. « Une lettre de change payable en foire est échue la veille du jour fixé pour la clôture de la foire , ou le jour de la foire, si elle ne dure qu'un jour.

134. « Si l'échéance d'une lettre de change est à un jour férié légal, elle est payable la veille.

135. « Tous délais de grace, de faveur, d'usage ou d'habitude locale, pour le paiement des lettres de change, sont abrogés. »

## COMMENTAIRES , ARRÊTS ET LOIS.

On appelle *échéance* le jour auquel on doit faire recevoir ou payer une lettre de change ; mais le paiement ne peut être exigible qu'après que le jour de l'échéance est entièrement passé.

Le jour civil commence à minuit, et finit à minuit ; et le jour naturel ou commercial commence avec le lever du soleil, et finit avec son coucher : c'est pourquoi l'article 1037 du Code de Procédure civile porte : « Aucune signification ni exécution ne pourra être faite, depuis le 1er octobre jusqu'au 31 mars, avant six heures du matin et après six heures du soir ; et, depuis le 1er avril jusqu'au 30 septembre , avant quatre heures du matin et après neuf heures du soir; non plus que les jours de fête légale, si ce n'est en vertu de permission du juge, dans le cas où il y aurait péril en la demeure. »

1° Si la lettre de change est payable à vue , le protêt faute de paiement doit se faire le jour même de la présentation, et non le lendemain. (*Pardessus, Code de Droit Commercial*, t. 2 , p. 504. )

2° Les échéances par mois se comptent par quantième , et non par révolu-

8

tion mensuelle : ainsi un billet souscrit le 28 février, pour être payé dans six mois, est payable le 28 du sixième mois, bien qu'il faille aller au bout du mois, pour qu'il y ait eu six révolutions mensuelles depuis la souscription du billet (*Cassation*, *Sirey*, t. 19, p. 237). Jugé en ce sens (*Orléans*, *Sirey*, t. 19, p. 166. — *Cassation*, *Sirey*, t. 18, p. 187. — *Cassation*, *Sirey*, t. 17, p. 382).

3° Tout débiteur de billet à ordre, lettre de change, billet au porteur, ou autre effet négociable dont le porteur ne se sera pas présenté dans les trois jours qui suivront celui de l'échéance, est autorisé à déposer la somme portée au billet dans les mains du receveur de l'enregistrement dans l'arrondissement duquel l'effet est payable. L'acte de dépôt contiendra la date du billet, celle de l'échéance, et le nom de celui au bénéfice duquel il aura été originairement fait. Le dépôt consommé, le débiteur ne sera tenu qu'à remettre l'acte de dépôt en échange du billet. La somme sera remise à celui qui présentera l'acte de dépôt, sans autre formalité que celle de la remise d'icelui, et de la signature de celui qui reçoit ; s'il ne sait pas écrire, il en sera fait mention sur les registres. (*Loi du 6 thermidor an 3 — 25 juillet 1795*, non abrogée.)

## ARTICLE PREMIER.

### DU VISA.

Toutes les fois qu'une traite, un mandat ou un billet, portera la stipulation

à un ou plusieurs jours  
à un ou plusieurs mois      de vue, ainsi qu'à présentation,  
à une ou plusieurs usances

on devra, en recevant l'effet, le présenter pour y faire mettre le visa, afin de lui donner une échéance fixe.

Le visa s'appose ordinairement au bas du corps de l'effet, de la manière ci-après :

Vu le 12 mars 1828.

Par conséquent, s'il est souscrit à trois jours de vue, l'époque du paiement tombe le 15 mars, parce que le jour du visa n'est jamais compté. (Art. 132.)

L'apposition du visa est une formalité à laquelle on attache peu d'importance, puisque l'usage n'y rend pas la signature obligatoire ; néanmoins c'est un abus qu'on devrait corriger pour la sécurité des porteurs d'effets, qui seraient alors fondés à considérer ce titre de visa comme une acceptation de plein droit, puisqu'il est basé sur l'intention formelle de celui qui, en apposant son visa, prend l'engagement d'acquitter l'effet à l'époque qu'il préfixe.

Néanmoins le Code n'en fesant nullement mention, ce sujet peut donner matière à discussion.

Le refus de visa étant assimilé au refus d'acceptation doit être constaté par un acte de protêt, lequel donne juridiquement une échéance fixe à l'effet ; mais cependant ce protêt ne peut prouver qu'il ne sera pas payé à l'échéance que cet acte lui a donnée ; par conséquent le porteur peut le retourner à son cédant, s'il pense que ce dernier aura le temps de le renvoyer pour être de nouveau présenté à paiement ; mais, dans le cas contraire, il doit, suivant la règle, le garder pour en réclamer le paiement à l'échance, et en cas de refus le faire constater par un nouveau protêt, afin d'avoir un recours légal contre son cédant. (Art. 163.)

## ARTICLE II.

### DE L'USANCE.

L'usance est composée de trente jours, qui courent du lendemain de la date de la lettre de change ; par conséquent, en la datant du 30 juin, et la stipulant à trois usances n'ayant que quatre-vingt-dix jours à courir, elle tombe à échéance le 28 septembre ; au lieu qu'en stipulant par mois, qu'on prend tels qu'ils sont, l'échéance se prolonge jusqu'à fin septembre. Quoique cette différence paraisse minime, elle ne l'est pas autant qu'on peut le croire pour l'intérêt des cambistes.

## ARTICLE III.

### DE LA STIPULATION DE *COURANT* OU *PARTOUT*.

Courant janvier, payez par cette première de change,
*ou* Dans le courant de janvier, payez par ce présent mandat,
*ou* Partout janvier, je paierai à l'ordre,

sont des expressions synonymes et peu usitées, dont on se sert quelquefois pour exprimer l'échéance d'un effet de commerce ; mais généralement elles sont considérées comme équivoques, parce qu'elles ne déterminent pas d'une manière positive l'époque fixe du paiement, qu'on peut présumer tomber à échéance tous les jours du mois. Aussi doit-on observer qu'on ne peut légalement en exiger le paiement qu'à la fin du mois, mais qu'il est néanmoins permis au débiteur de se libérer dans le courant du mois; sans être, suivant l'article 144, responsable de la validité du paiement, ainsi qu'on le serait à l'égard de toute autre stipulation.

## ARTICLE IV.

### DU POINT DE DÉPART POUR FIXER L'ÉCHÉANCE.

De même que pour l'usance, on doit observer, pour règle générale, que toute stipulation quelconque, soit

    à un ou plusieurs jours

    à un ou plusieurs mois     }    de date,

    à une ou plusieurs usances

court toujours du lendemain de la date de la lettre de change, et non du jour, conformément à l'usage et à l'article 132.

## ARTICLE V.

### DES JOURS FÉRIÉS LÉGAUX,

#### PENDANT LESQUELS ON EST EXEMPT DE FAIRE PROTESTER.

On entend par *jours fériés légaux* ceux pendant lesquels on est exempt de se mettre en règle pour constater le non-paiement d'un effet; c'est-à-dire, qu'un effet à échéance le 31 décembre, et devant être protesté le 1er janvier, jour de rigueur pour le protêt, peut être renvoyé au lendemain 2 janvier, sans encourir le défaut de diligence. (*Avis du Conseil d'État*, 13 mars 1810, approuvé le 20.)

Les jours fériés actuellement reconnus en France, sont :

Les Dimanches,

Le 1er janvier (*Avis du Conseil d'état, approuvé le 20 mars* 1810),

Les jours de Pâques,

    de l'Ascension,

    de la Pentecôte,

    de l'Assomption,         *suivant le concordat de* 1801,

    de la Toussaint,

    de Noel,

Et la fête du Roi, *suivant la décision du ministre des finances, du 28 octobre* 1817.

Art. 134. « Si l'échéance d'une lettre de change est à un jour férié légal, elle est payable la veille. »

## ARTICLE VI.

### DES COUTUMES ÉTRANGÈRES.

*Manière dont chaque place de l'Europe compte l'usance des lettres de change, suivant les diverses villes d'où elles sont tirées ; les jours de grace ou de faveur qui y sont accordés, ainsi que la fixation des époques d'acceptation, paiement et protêt.*

### AMSTERDAM (HOLLANDE).

L'usance des traites sur Amsterdam,

    d'Augsbourg ou Auguste, est de . . . . . . . . . 14 jours de vue.

    de Francfort-sur-le-Mein . . . . . . . . . . . . 14    *id.*

    de Vienne (Autriche) et autres place d'Allemagne . 14    *id.*

    de France . . . . . . . . . . . . . . . . . . . . 30 jours de date.

    d'Angleterre . . . . . . . . . . . . . . . . . . . 30    *id.*

    de Dantzick . . . . . . . . . . . . . . . . . . . 40    *id.*

    de Kœnisberg . . . . . . . . . . . . . . . . . . 41    *id.*

    d'Italie . . . . . . . . . . . . . . . . . . . . . 60    *id.*

    d'Espagne . . . . . . . . . . . . . . . . . . . . 60    *id.*

    de Portugal . . . . . . . . . . . . . . . . . . . 60    *id.*

On accorde six jours de grace à Amsterdam après l'échéance ; cependant on peut faire protester le quatrième jour de faveur, sans attendre le sixième.

## ANVERS, BRUXELLES, BRUGES, GAND, etc. (PAYS-BAS).

Même usage qu'à Amsterdam.

### AUGSBOURG ou AUGUSTE (BAVIÈRE).

L'usance des traites sur Augsbourg est, après l'acceptation, de 15 jours de vue.

Les traites à usance doivent être acceptées à leur présentation; les traites à plusieurs usances ou à plusieurs jours de date, ne s'acceptent que quinze jours avant leur échéance.

Les paiements ne se fesant que le mardi de chaque semaine, les traites échéant un mardi n'ont qu'un jour de grace, parce qu'elles doivent être payées le mercredi; mais celles qui échéent un mercredi, jouissent de sept jours de faveur, parce qu'elles ne sont payables que le mercredi suivant.

### BERLIN (PRUSSE).

L'usance des traites sur Berlin est de 14 jours de vue.

Après l'échéance on a trois jours de grace, et l'on doit faire protester le troisième en cas de non paiement.

### BRÊME ou BREMEN, VILLE LIBRE ANSÉATIQUE.

L'usance des traites sur Brême, est

pour toutes les places d'Allemagne, de 14 jours de vue;

pour l'Angleterre, d'un mois de date;

pour la France, Hambourg et la Hollande, on tire à tant de mois ou de jours de date.

N'y ayant point de jours de grace réglé, à défaut de paiement on doit faire protester le jour même de l'échéance.

### BARCELONE (ESPAGNE).

L'usance dès traites sur Barcelone est de 60 jours,

On accorde cinq jours de grace, et le sixième protêt, en cas de non paiement.

## BALE (SUISSE).

Les traites sur Bâle sont ordinairement à tant de jours de vue ou de
date ;
Il n'y a point de jour de grace ;

## BERNE (SUISSE).

Il n'y a rien de réglé pour les usances, acceptations et paiements; ainsi
une lettre doit être payée à présentation, ou protestée.

## COPENHAGUE (DANEMARCK).

Les traites sur Copenhague sont ordinairement tirées à jour certain.
Il y a huit jours de grace, et le neuvième, protêt à défaut de paiement.

Les traites à vue n'ont point de jour de grace, et sont par conséquent
payables à présentation.

## CADIX (ESPAGNE).

L'usance des traites sur Cadix, de l'étranger, est de 60 jours, qui se
comptent du jour de la date, jusqu'au soixantième jour; après lesquels on jouit de six jours de grace, qui commencent le lendemain
de l'échéance, et finissent le sixième jour, où l'on doit recevoir ou
faire protester.

## FRANCFORT-SUR-LE-MEIN, VILLE LIBRE.

L'usance des traites sur Francfort est de 14 jours de vue, à dater de
l'acceptation, laquelle est de rigueur à présentation.
Les lettres à plusieurs jours de vue ou à plusieurs usances, jouissent
de quatre jours de grace, non compris les jours fériés.

Le paiement est exigible le quatrième jour, avant deux heures après midi,
s'il n'est pas jour de fête; dans le cas contraire, le lendemain, et, à défaut de
paiement, le même jour protêt.

## FLORENCE (TOSCANE).

L'usance des traites sur Florence,
de Bologne est de 8 jours, celui de l'acceptation compris ;
Venise }
Rome } est de 15 jours,       *idem.*

Quant aux autres places, l'usance est comptée comme à Livourne.
On doit accepter à présentation, ou à défaut faire protester.

## GENÈVE (SUISSE).

L'usage français y est encore resté en vigueur.

## GÊNES, ANCIENNE RÉPUBLIQUE, maintenant ROYAUME DE SARDAIGNE.

L'usage français y est encore resté en vigueur.

## HAMBOURG, VILLE LIBRE.

L'usance des traites sur Hambourg est d'un mois.

Les mois sont tels qu'ils sont fixés par le calendrier grégorien.
Après l'échéance on jouit de douze jours de grace ; compris les dimanches
et fêtes, si le douzième jour de grace tombe un jour férié, on doit exiger le
paiement la veille, ou à défaut faire protester le jour même.

## LONDRES (ANGLETERRE).

L'usance des traites sur Londres,
de France, }
d'Allemagne, } est de 30 jours, non compris celui de la date.
de Hollande, }
de Portugal, }
d'Espagne, } de 2 mois.
d'Italie, }
de Piémont, } de 3 mois.

Les traites à vue sont payables à présentation ou protestées le jour même.

Les traites à plusieurs jours de vue,
à jour certain, } jouissent de trois jours de grace,
à une ou plusieurs usances, }

qui commencent le lendemain de l'échéance; si le troisième jour de grace tombe un dimanche, on doit réclamer le paiement la veille, et, en cas de refus, faire protester le jour même.

## LISBONNE (PORTUGAL),

Comprenant tout le Portugal, ainsi que le Brésil.

L'usance des traites sur le Portugal,
d'Espagne, est de 15 jours de vue ;
de Londres, de 30 jours de vue ;
de France, de 60 jours de date ;
d'Amsterdam, de 2 mois de date;
d'Italie, de 3 mois de date.

On accorde six jours de grace aux traites acceptées ; celles qui ne le sont pas, sont payables à leur échéance, et, à défaut de paiement, protestées le même jour.

## LEIPSICK (SAXE).

L'usance des traites sur Leipsick, est de 14 jours de vue, qui ne se comptent que du lendemain de l'acceptation ; celle-ci est de rigueur à présentation.

N'y ayant aucun jour de grace, le paiement est exigible le quinzième jour, ou, à défaut, protêt.

## LIVOURNE (TOSCANE).

L'usance des traites sur Livourne,
de Bologne, }
Florence, } est de 3 jours;

|  |  |  |
|---|---|---|
| de Suisse, | } | de huit jours ; |
| Gênes, | | |
| Milan, | | |
| de Rome, | | de dix jours, ou de quinze de date ; |
| de Venise, | } | de vingt jours de la date des lettres ; |
| Bergame, | | |
| Naples, | | |
| de France, | | de trente jours *idem* ; |
| de Messine, | } | d'un mois de vue ou deux mois de date, |
| Palerme, | | |
| de Cadix, | } | de deux mois de la date des lettres ; |
| Madrid, | | |
| Amsterdam, | | |
| Hambourg, | | |
| de Londres, | } | de trois mois *idem*. |
| Lisbonne, | | |

Il n'y a point de jour de grace ;

Les paiements sont de rigueur trois fois par semaine, savoir le lundi, le mercredi et le vendredi.

Un effet tombant à échéance un lundi jour férié, on est en droit d'en réclamer le paiement le samedi précédent.

### MILAN (ITALIE).

L'usance des traites sur Milan,

| | | |
|---|---|---|
| de Gênes, | est de huit jours après l'acceptation ; |
| de Livourne, | de quinze | *idem* ; |
| de Rome, | de quinze | *idem* ; |
| d'Augsbourg, | de quinze | *idem* ; |
| de Venise, | de vingt jours après la date ; |
| d'Amsterdam, | de deux mois après la date. |

Les jours de la date des traites, de l'acceptation et de l'échéance ne sont point compris dans les délais ci-dessus.

On ne reconnaît point de jour de grace ; par conséquent, l'usage pour l'acceptation, le paiement et le protêt, est le même qu'en France.

## MADRID (ESPAGNE).

L'usance des traites sur Madrid,

| | |
|---|---|
| d'Espagne, | est de huit jours de vue ; |
| de Londres, France, Gênes, | de soixante jours de date ; |
| d'Amsterdam, | de deux mois de date ; |
| de Rome, | de trois mois de date. |

Les traites datées

| | |
|---|---|
| de Barcelone, Cadix, Valence, Séville, Alicante, | jouissent de huit jours de grace ; |
| de Paris, Londres, Amsterdam, Gênes, | Jouissent de quatorze jours de grace, à dater du lendemain de l'échéance ; le quatorzième jour paiement ou protêt ; |
| de Bilbao, | jouissent de dix-neuf jours de grace ; |
| de Rome, | doivent être payées à présentation. |

Les traites à vue, ainsi que celles dont on a refusé l'acceptation, ne jouissent d'aucun jour de grace ; le porteur doit en exiger le paiement à présentation et à échéance ; à défaut de paiement, il doit faire protester le jour même.

Les traites à vue sont payables à leur présentation.

## NAPLES (ROYAUME DE NAPLES).

L'usance des traites sur Naples, est de quinze jours de vue.

On jouit de trois jours de grace, dont le dernier est de rigueur pour le paiement, comme pour le protêt.

## SAINT-PÉTERSBOURG (russie).

L'usance des traites sur Saint-Pétersbourg est de trente jours, comme en France.

La traite à vue est payable à présentation ; la traite à jour fixe ou déterminé l'est à son échéance.

Mais on doit observer que le calendrier romain ou julien, qui est adopté et suivi en Russie, diffère du calendrier grégorien, usité en Europe, de onze à douze jours, c'est-à-dire que la différence de onze jours est pour les années ordinaires, et celle de douze pour les années bissextiles ; par conséquent le premier mois d'un jour romain correspond au onzième ou au douzième jour d'un mois grégorien.

## ROME (états de l'église).

L'usance des traites sur Rome,
    des villes sous la domination du pape, est de deux semaines ;
    des pays étrangers,                 de trois semaines.
Les traites à vue sont payables à présentation ;
Les traites à jour déterminé ou fixe, le sont à leur échéance.
Il n'y a point de jour de grace.

## STOCKHOLM (suède).

Les traites sur Stockholm sont ordinairement payables à jour certain ou déterminé.

On accorde six jours de grace après l'échéance, et à défaut de paiement on fait protester le sixième jour.

## TURIN (piémont, royaume de sardaigne).

L'usance des traites sur Turin,
  de Milan,
    Genève,     est de 8 jours de vue ;
    Gênes,

de Rome, \
Livourne, \
Florence, } de 10 jours de vue ; \
Venise, /

de Vienne, Augsbourg et autres villes d'Allemagne, de 15 jours de vue ;

de France, d'un mois de date ;

d'Amsterdam, de deux mois de date ;

de Londres, de trois mois de date.

Le jour de la date des traites est compté pour un jour de l'échéance.

On ne jouit d'aucun jour de grace ; par conséquent on a le droit de faire protester le jour de l'échéance ; néanmoins un porteur de traite peut accorder cinq jours de grace après l'échéance sans être en défaut de garantie, pourvu qu'en cas de non-paiement, il fasse protester le cinquième jour.

## TRIESTE (ISTRIE).

Même usage qu'à Vienne (Autriche).

## VIENNE (AUTRICHE).

L'usance des traites sur Vienne est de 14 jours après l'acceptation.

L'acceptation doit se faire à présentation ou au plus tard dans les vingt-quatre heures.

Les effets tirés à

huit jours, \
demi-usance, \
au milieu d'un mois, } jouissent de 3 jours de grace, à date \
à la fin d'un mois, } du lendemain de l'échéance ; \
à tant de semaines de date, \
et à une ou plusieurs usances, /

Mais les effets payables

à vue, \
ou au dessous de 8 jours de vue, } ne profitent d'aucun jour de grace. \
et à jour fixe, /

VENISE .(ANCIENNE RÉPUBLIQUE, ROYAUME D'ITALIE).

L'usance des traites sur Venise ,
   de Rome ,          est de 10 jours après l'acceptation ,
    de Vienne ,
     Augsbourg,
     Francfort,
     Naples,             de 15    *idem.*
     Palerme,
     Messine ,
     Gênes ,
   de Milan ,         de 20 jours de date ,
   de France ,
     Amsterdam ,
     Anvers ,
     Hambourg,      de 2 mois de date ;
     Cadix ,
     Madrid ,
   de Londres,       de 3 mois *idem.*

L'acceptation doit se faire à présentation ou au plus tard dans les vingt-quatre heures.

On jouit de 6 jours de grace après l'échéance , non compris les dimanches et fêtes.

### VALENCE et ALICANTE ( ESPAGNE ).

Les traites sur Valence et Alicante, à jour fixe ou déterminé, jouissent ,
   de l'intérieur du royaume ,      de 8 jours de grace ,
   des pays étrangers ,         de 14 *idem.*

### ZURICH (SUISSE).

Les traites sur Zurich se font ordinairement,
   à un ou plusieurs jours de vue,

à jour fixe ou déterminé ,
à tant de jours de date.
On ne jouit d'aucun jour de grace.
Les paiements sont exigibles le jour de l'échéance.

# ARTICLE VII.

### DU TABLEAU DES FOIRES.

*Contenant l'Epoque , la Durée et l'Usage des principales Foires françaises
et étrangères , qui se tiennent dans le courant de chaque année.*

## DES FOIRES FRANÇAISES.

ART. 133. « Une lettre de change payable en foire est échue la veille du
jour fixé pour la clôture de la foire , ou le jour de la foire si elle ne dure
qu'un jour. »

#### ALAIS (Gard).

Le 24 août, dure 8 jours.

#### ALENÇON (Orne).

Le 3 février , dure 15 jours.

#### AMIENS (Somme).

Le 25 juin,
Le 11 novembre , } durent 15 jours.

#### AGEN (Lot-et-Garonne).

Les trois premiers jours de la Semaine-Sainte ;
Le premier lundi de juin, dure 6 jours.

## Arras (Pas-de-Calais).

Le 3 février, dure 10 jours;
Le 10 avril, id. 15;
Le 15 août, id. 10;
Le 10 octobre, id. 15.

## Beaucaire (Gard).

Cette foire, la plus célèbre et la plus considérable de l'Europe, fut instituée, et le privilége accordé aux habitants de Beaucaire, par Raymond VII, comte de Toulouse, au mois d'avril 1217, sous le règne de Philippe, roi de France. (Suivant *Savary*, dans son *Dictionnaire universel sur le Commerce.*)

Elle commence le 22 juillet, jour de la fête de Sainte-Madeleine; elle dure sept jours, qui finissent le 28 du même mois à minuit. L'affluence des négociants commence dès les premiers jours de juillet. Les effets payables en foire sont exigibles le 28; mais ils ne peuvent être protestés que le lendemain.

## Bordeaux (Gironde).

Le 1er mars,
Le 15 octobre,    durent 15 jours.

## Bayonne (Basses-Pyrénees).

Le 2 février,
Le 2 août,    durent 8 jours.

## Caen (Calvados).

Une des plus belles foires du royaume; elle commence quinze jours après Pâques, et dure 15 jours;

Le déballage des marchandises commence à s'opérer trois jours avant.

Les paiements se font le quatorzième jour de la foire, et les protêts le quinzième.

## CAMBRAY (Nord).

Le 25 avril,  
Le 28 octobre, } durent 9 jours.

## CHALONS-SUR-SAÔNE (Saône-et-Loire).

Le 26 juin, dure 30 jours.

## CLERMONT-FERRAND (Puy-de-Dôme).

Dernier vendredi du carnaval,  
Le 9 mai,  
Le 16 août,  
Le 11 novembre, } durent 8 jours.

## DIEPPE (Seine-Inférieure).

Le 16 août, dure 8 jours.  
Le 30 novembre, dure 15 jours.

## DOUAY (Nord).

Le 1er octobre, dure 9 jours.

## GUIBRAY (Calvados).

C'est dans un faubourg de Falaise, nommé faubourg de Guibray, que se tient cette fameuse foire.

Elle commence le 15 août et dure 15 jours.

Les marchands ne peuvent déballer, sous peine de 500 francs d'amende, que le 13 août après midi, et ne peuvent vendre que le 15 après la messe de Notre-Dame.

Les paiements doivent être effectués le 25 août, ou il faut protester dans les vingt-quatre heures.

### Grenoble (Isère).

Le 22 janvier, dite de Saint-Vincent,  
Le lundi de la Semaine-Sainte,  
Le 16 août, dite de Notre-Dame,  
Le 4 décembre, dite de la Sainte-Barbe, } durent 3 jours.

### Lille (Nord).

Le 29 août, dure 9 jours.

### L'Orient (Morbihan).

Le dimanche des Rameaux, dure 8 jours.

### Marseille (Bouches-du-Rhône).

Le 31 août, dure 15 jours.

### Metz (Moselle).

Le 1er mai, dure 15 jours.

### Niort (Deux-Sèvres).

Le 6 février,  
Le 7 mai,  
Le jeudi de l'octave de la Fête-Dieu, } durent 8 jours.  
Le 6 octobre,  
Le 30 novembre,

### Orléans (Loiret).

Le jeudi de la Fête-Dieu,  
Le 18 novembre, } durent 8 jours.

### Pézenas (Hérault).

Le lundi après le 21 mai,  
Le lundi après l'Exaltation de la sainte Croix, } durent 10 jours.  
Le premier lundi après la Saint-Martin,

#### Rouen (Seine-Inférieure).

Le 20 février, de la Chandeleur, dure . . . . . . . . . .  15 jours.
La veille de l'Ascension. . . . . . . . . . . . . . . . .   1 *id.*
Le 20 juin, de la Pentecôte. . . . . . . . . . . . . . .  15 *id.*
Le 23 octobre, de Saint-Romain. . . . . . . . . . . . .  15 *id.*

#### Strasbourg (Bas-Rhin).

Le 25 juin ,<br>
Le 26 décembre, } durent 15 jours.

#### Troyes (Aube).

Le second lundi de Carême, dure . . . . . . . . . . . .   8 jours.
Le 1er mai, dite des Vierges . . . . . . . . . . . . . . 12 *id.*
Le 1er septembre. . . . . . . . . . . . . . . . . . . . .   8 *id.*

#### Tours (Indre-et-Loire).

Le 11 mai,<br>
Le 9 août, } durent 10 jours.

#### Toulouse (Haute-Garonne).

Le 24 juin,<br>
Le 1er décembre , } durent 8 jours.

#### Valenciennes (Nord).

Le 8 septembre, dure 10 jours.

## DES FOIRES ÉTRANGÈRES.

#### Anvers (Pays-Bas).

Le 17 mai,<br>
Le 16 août, } durent 30 jours.

#### Bruxelles (Pays-Bas).

Le 22 mai, dure. . . . . . . . . . . . . . . . . . . . 12 jours.
Le 18 octobre. . . . . . . . . . . . . . . . . . . . . 14 *id.*

**BRUGES (Pays-Bas).**

Le 4 mai, ╮
Le 1ᵉʳ octobre, ╯ durent 15 jours.

**FRANCFORT-SUR-LE-MEIN, ville libre.**

Le jeudi de Pâques, ╮
Le dimanche qui précède la Notre-Dame de septembre, ╯ durent 20 jours.

**GAND (Pays-Bas).**

Le 15 mars, dure. . . . . . . . . . . . . . . . . . . . . 18 jours.
Le 2 août. . . . . . . . . . . . . . . . . . . . . . . . . 12 *id.*

**LEIPZIG (royaume de Saxe).**

Il y a trois foires par an, qui durent chacune deux semaines :
La première se nomme *Semaine de la Foire*,
Et la seconde, *Semaine des Paiements.*
La première commence le 1ᵉʳ janvier ;
La deuxième, le troisième dimanche après Pâques, et se nomme *Jubilate* ;
La troisième, le premier dimanche après le 29 septembre, se nomme *Saint-Michel.*

Pour la première foire, les traites doivent être acceptées le 7, ou le 8 janvier au plus tard si le 7 se trouve un dimanche ; et acquittées le 12, ou le 13 si le 12 se trouve aussi un dimanche.

Pour la deuxième et la troisième foire, elles doivent être acceptées de rigueur le vendredi de la première semaine, à dix heures du matin, et acquittées le jeudi de la seconde semaine de la foire.

Dans les deux jours qui suivent les paiements des traites, on acquitte les assignations qui sont payables en foire.

**MALINES (Pays-Bas).**

Le 1ᵉʳ octobre, ╮
Le 1ᵉʳ dimanche après le 1ᵉʳ juillet, ╯ durent 15 jours.

Mᴀʏᴇɴᴄᴇ (grand-duché de Darmstadt).

Trois semaines avant Pâques,
Le 15 août,     durent 15 jours.

## TITRE ONZIÈME.

# De l'Endossement.

Art. 136. La propriété d'une lettre de change se transmet par la voie de l'endossement.

137. L'endossement est daté.

Il exprime la valeur fournie.

Il énonce le nom de celui à l'ordre de qui il est passé.

138. Si l'endossement n'est pas conforme aux dispositions de l'article précédent, il n'opère pas le transport; il n'est qu'une procuration.

139. Il est défendu d'antidater les ordres, à peine de faux.

Pour la stipulation des endossements d'effets, on compte quatre sortes principales de valeurs, qu'on emploie ordinairement en passant l'ordre d'une lettre de change pour exprimer la valeur qu'on reçoit en échange d'une traite, d'un mandat ou d'un billet; savoir :

Valeur reçue comptant,

Valeur reçue en marchandises,

Valeur en compte,

Valeur en moi-même, ou en nous-mêmes.

## ARTICLE PREMIER.

### VALEUR REÇUE COMPTANT.

C'est lorsqu'un tireur ou un endosseur d'une traite, d'un mandat ou d'un billet, en reçoit la valeur en argent comptant.

*Payez à l'ordre de Messieurs Roussel
aîné, etc., valeur reçue comptant.
Paris, le 5 janvier 1829.*

## ARTICLE II.

### VALEUR REÇUE EN MARCHANDISES,

Désigne clairement une remise d'effet en contre-valeur d'un achat de marchandises.

Exemple :

*Payez à l'ordre de Messieurs Turbaux
frères, valeur reçue en marchandises.
Lyon, le 15 mars 1829.*

## ARTICLE III,

### VALEUR EN COMPTE,

Concerne les effets qu'on envoie à l'encaissement, ou qu'on remet à un correspondant pour être portés à son crédit. La même stipulation a encore lieu entre deux négociants de la même ville qui se trouvent liés d'intérêt et par compte courant.

Exemple :

*Payez à l'ordre de Monsieur Benel,
valeur en compte.
Bordeaux, le 10 février 1829.*

# ARTICLE IV.

## VALEUR EN MOI-MÊME, OU EN NOUS-MÊMES.

C'est lorsqu'un porteur d'une lettre de change tirée sur son correspondant lui en fait directement la remise.

EXEMPLE :

*Payez à l'ordre de vous-mêmes, Messieurs,*
*valeur en compte.*
*Paris, 15 mai 1829.*

Par conséquent, l'accepteur à l'ordre duquel la lettre de change a été passée avant l'échéance, en devient alors créancier et débiteur, d'où il résulte une extinction de la date par confusion. ( Art. 1300 du Code Civil. )

Dès lors l'accepteur, porteur, perd le droit de la transmission, et ne peut ouvrir à un nouveau porteur un recours contre les autres endosseurs à défaut de paiement. Si, au contraire, le porteur n'a pas accepté la lettre de change, et qu'il ne soit simplement que tiré, il peut remettre l'effet en circulation ou le retourner par la voie de l'endossement lorsqu'il n'a pas l'intention de l'acquitter à son échéance.

Dans tous les cas, cette sorte de remise est fort rare, puisqu'elle prive celui qui la reçoit de disposer de la valeur jusqu'à l'échéance.

# ARTICLE V.

L'usage fait encore reconnaître trois autres stipulations de valeurs, savoir :
Valeur entendue,
Valeur en recouvrement,
et Valeur en ses remises ou en ses traites.

## VALEUR ENTENDUE.

Cette stipulation irrégulière est rarement employée, parce qu'elle ne désigne pas d'une manière précise la valeur qu'on reçoit en échange des effets cédés pour faire encaisser.

Néanmoins, on s'en sert lorsqu'un preneur ne fournit pas la contre-valeur des effets qu'on lui remet en recouvrement, et que le cédant consent à n'être payé qu'après l'acceptation ou le paiement des effets cédés.

Mais pour marcher plus légalement dans une pareille hypothèse, on doit se servir de la stipulation de *valeur en compte*, afin d'éviter toute suspicion préjudiciable au crédit.

Alors le tireur ou le cédant des effets doit, pour sa garantie, exiger du preneur une déclaration par laquelle il s'engage à lui payer une telle somme pour le montant de telle lettre, lorsqu'il aura eu avis qu'elle a été acceptée ou payée.

MODÈLE DE LA DÉCLARATION.

---

*Je soussigné déclare avoir reçu de Monsieur Lafont, la somme de DEUX MILLE FRANCS, en sa traite tirée le 20 février à mon ordre, sur Rouchon et C<sup>e</sup>, de Marseille, et payable le 15 mars prochain, dont je m'engage à lui tenir compte après l'acceptation ou le paiement de ladite traite, sauf déduction des frais de recouvrement et de provision.*

*Lyon, le 20 février 1829,*      DESARBRE.

---

## VALEUR EN RECOUVREMENT,

ET VALEUR EN SES REMISES OU EN SES TRAITES.

La première s'emploie pour remises d'effets à faire encaisser, et la seconde, pour échange de valeurs.

Néanmoins, quoique ces stipulations soient usitées et tolérées, nous croyons utile de renvoyer nos lecteurs aux observations qui y sont relatives dans l'article des *stipulations de valeurs*, page 23, où l'on trouvera encore celle des différentes sortes de valeurs pour solde qu'on doit employer dans certains cas.

# ARTICLE VI.

## VALEUR EN COMPTE ET SANS MA GARANTIE.

C'est lorsqu'on ne veut pas être passible du remboursement d'un effet qu'on remet pour faire encaisser ou qu'on négocie à périls et risques, ou enfin lorsqu'on fait pour compte d'ami les retours d'un recouvrement.

Exemple :

*Payez à l'ordre de Monsieur Gonon,*
*valeur pour solde de compte, et sans*
*ma garantie.*
*Marseille, le 6 juin 1829.*

## VALEUR REÇUE COMPTANT ET SANS GARANTIE DE DILIGENCE.

C'est lorsqu'on prend un effet qui n'a pas le temps d'arriver au lieu du paiement le jour de son échéance, ou lorsqu'on craint de ne pas avoir le temps nécessaire pour se mettre en règle; en ce cas, le preneur, pour ne pas être garant du défaut de diligence, réclame une déclaration ou fait stipuler la garantie dans l'endossement.

Exemple :

*Payez à l'ordre de Monsieur Roussel,*
*valeur reçue comptant et sans ma garantie*
*de diligence.*
*Nîmes, le 30 avril 1829.*

*Nota.* Il faut cependant observer que toute restriction quelconque stipulée dans un endossement, ne peut être valable qu'entre le donneur et le preneur seulement, les autres coobligés de l'effet y étant étrangers; mais, néanmoins, si l'effet est impayé, et que le preneur devienne insolvable, dès lors les droits restrictifs s'éteignent, et le cédant de l'effet rentre dans la classe commune pour le recours en capital et frais. Même analogie avec la traite pour compte, page 15.

# ARTICLE VII.

## DES ENDOSSEMENTS EN BLANC OU IRRÉGULIERS.

On entend par endossements irréguliers tous ceux :

Dont le nom du porteur n'est pas énoncé,

Dont la valeur n'est pas exprimée,

Dont l'époque de la cession n'est pas datée,

Et enfin l'endossement en blanc, qui ne consiste qu'en l'apposition de la signature.

Ce dernier endossement en blanc est souvent mis en usage :

En raison de l'abréviation qui favorise ceux qui ignorent les règles de la transmission,

Ou par réclamation du preneur, qui veut conserver l'avantage de remplir l'ordre à sa volonté, sans être assujéti à faire circuler sa signature, et à être garant, envers son correspondant ou les tiers-porteurs, du non-paiement des effets qu'il remet pour compte d'amis en retour de recouvrement.

Un autre raison rend encore cet endossement plus fréquent sur certaines places de France, où quelques banquiers remplissent les fonctions d'agent de change en allant offrir des valeurs qu'on leur a cédées en blanc pour la négociation, et qu'ils concèdent de même, suivant la convenance des preneurs.

Enfin, une quatrième circonstance fait pareillement mettre en usage cet endossement : c'est lorsqu'on remet un effet signé en blanc pour servir de garantie d'une somme prêtée ou d'une dette à acquitter dont on ne peut se libérer de suite. Par ce moyen, le débiteur temporise avec son créancier, ce qui lui procure la facilité de négocier ses valeurs ou de faire ses rentrées.

Ordinairement, dans une pareille occurrence, la valeur signée en blanc se dépose en mains tierces ; et, dans le cas contraire, le débiteur doit, pour sa sûreté, réclamer de son créancier une reconnaissance de la valeur cédée.

Malgré l'avantage précité, on doit aussi considérer l'inconvénient qui résulterait de l'égarement d'un effet dont l'endossement en blanc n'aurait pas été rempli, puisque celui au pouvoir duquel il serait tombé, pourrait, en s'en passant l'ordre, en devenir propriétaire ; stellionat qui entraînerait dans de pénibles recherches, et qui peut-être ne conduirait qu'à un infructueux résultat.

En conséquence, pour obvier à ce désagrément, on peut se servir de préférence de la stipulation *sans ma garantie*, dont il est déja fait mention.

Toutes ces stipulations n'étant pas conformes aux dispositions de l'art. 137, n'opèrent pas le transport ; elles ne sont qu'une procuration.

Néanmoins, il est utile de faire connaître que cette opinion a été combattue avec succès par M. le professeur Pardessus, qui a dit :

« Quoiqu'à suivre la rigueur des principes du droit, on puisse dire que, la
« propriété de la lettre de change n'ayant pas été transférée par l'endossement
« irrégulier au porteur, il ne peut transporter à un autre une propriété qu'il
« n'a pas, la jurisprudence commerciale doit être moins sévère. Si les termes
« de l'endossement irrégulier ne sont pas limités au simple droit de recevoir,
« le porteur peut transmettre valablement la propriété de la lettre par endos-
« sement régulier. La loi qui donne à son titre la qualité de procuration, n'en
« détermine pas l'étendue, les effets ; mais elle laisse les choses dans les termes
« ordinaires. Les pouvoirs des mandataires s'étendent à tout ce qui est relatif à
« l'affaire qui leur est confiée pour en assurer le succès ; et quand les termes
« de la convention ne déterminent point en quoi consiste le mandat, on y
« supplée par la nature de la chose. Or, une lettre de change étant, par sa
« nature, un titre de créance destiné à être négocié, la procuration relative à
« un tel effet, est censée avoir tout aussi bien pour objet d'autoriser à le
« céder, que de faire les diligences nécessaires pour en obtenir le paiement.

« Tels sont les principes les plus certains du droit sur l'effet des endosse-
« ments irréguliers. »

L'opinion de M. Pardessus a été confirmée par la Cour de Cassation. ( *Sirey*, t. 22, p. 229. )

# ARTICLE VIII.

## DE LA SIGNIFICATION DES MOTS *UT RETRO*, ET *UT SUPRA*.

*Ut retro* et *Ut supra* sont deux expressions latines dont on se sert par abréviation pour ne pas répéter littéralement la même date dans un endossement.

Par conséquent, si l'on fournit à votre ordre une traite le 1er mars, et que vous la négociiez ou en fassiez remise le même jour, au lieu de répéter littéralement dans l'endossement la même date, vous mettez *ut retro*, qui signifie *comme derrière*, la même date.

Si, au contraire, vous renégociiez ou adressiez un effet le même jour qu'il vous a été cédé, vous mettez *ut supra*, qui signifie *comme dessus*, la même date.

Dans l'un ou l'autre cas, puisque la loi est muette à l'égard de pareilles stipulations de dates, on doit, pour obvier aux contestations à naître, ne pas s'écarter de la décision de la Cour de Cassation du 23 juin 1817, qui considère « comme nul tout endossement qui n'est daté que par relation antérieure et par ces mots *ut retro* ou *ut supra*, lorsqu'il doit avoir une date propre, expresse et formelle, comme on a l'usage de la mettre, en relatant le quantième du mois, le mois et l'année ».

# ARTICLE IX.

## MODÈLE DES DIFFÉRENTS ENDOSSEMENTS.

| | |
|---|---|
| 1 | *Payez à l'ordre de Monsieur Fournier, valeur reçue comptant.*<br>*Lyon, le 5 janvier 1829.*<br>J. BONTOUX et Cᵉ. |
| 2 | *Payez à l'ordre de Messieurs J. J. Bose et Cᵉ, valeur en compte.*<br>*Marseille, le 11 janvier 1829.*<br>FOURNIER. |
| 3 | *Payez à l'ordre de Messieurs Babin et Cᵉ, valeur reçue en marchandises.*<br>*Bordeaux, le 16 janvier 1829.*<br>J. J. Bosc et Cᵉ. |
| 4 | *Payez à l'ordre de Monsieur Bon, valeur entendue.*<br>*Nantes, le 22 janvier 1829.*<br>BABIN et Cᵉ. |
| 5 | *Payez à l'ordre de Monsieur Berard, valeur en ses remises.*<br>*Rouen, le 27 janvier 1829.*<br>BON. |
| 6 | *Payez à l'ordre de Messieurs Dupré frères, valeur en ses traites.*<br>*Rouen, le 5 février 1829.*<br>BERARD. |
| 7 | *Payez à l'ordre de Messieurs Vᵉ Franc et Cᵉ, valeur en recouvrement.*<br>*Rouen, le 7 février 1829.*<br>DUPRÉ frères. |
| 8 | *Payez à l'ordre de Monsieur Gerard, valeur reçue comptant et sans ma garantie.*<br>*Strasbourg, le 16 février 1829.*<br>Vᵉ FRANC et Cᵉ. |
| 9 | . . . . . . . . . . . . . . . . . . . . . . .  sans l'ordre.<br>*valeur en compte.*<br>*Montpellier, le 28 février 1829.*<br>GERARD. |
| 10 | *Payez à l'ordre de Monsieur Germain,*<br>. . . . . . . . . . . . . . . . . . .  sans la valeur.<br>*Toulouse, le 3 mars 1829.*<br>J. DUBOSC. |
| 11 | *Payez à l'ordre de Monsieur Sicard, valeur en marchandises.*<br>. . . . . . . . . . . . . . . . . . . .  sans la date.<br>GERMAIN. |
| 12 | . . . . . . . . . . . . . . . . . . . .  sans l'ordre,<br>. . . . . . . . . . . . . . . . . . . .  sans la valeur,<br>. . . . . . . . . . . . . . . . . . . .  et sans la date.<br>SICARD. |
| 13 | *Payez à l'ordre de Monsieur Roux, valeur reçue comptant, et sans garantie de diligence.*<br>*Limoges, le 10 avril 1829.*<br>DESSALLE. |
| 14 | *Payez à l'ordre de vous-mêmes, Messieurs, valeur en compte.*<br>*Orléans, le 12 avril 1829.*  ROUX. |

*Endossements en blanc ou irréguliers.* (accolade regroupant les numéros 9 à 12)

Traite sur Paris payable le 12 avril 1829.

ARRÊTS.

1° Un effet de commerce est transmissible par la voie de l'endossement, même après l'échéance. ( *Cassation. Sirey,* t. 22, p. 170.)

2° Pour que l'endossement d'un effet de commerce en transfère la propriété, il ne suffit pas qu'il porte *valeur reçue,* il faut encore qu'il exprime en quoi elle a été fournie ( *Bruxelles. Sirey,* t. 11, p. 116.). Jugé en ce sens ( *Liége. Sirey,* t. 13, p. 336 ); à moins que le billet ne soit pas un effet de commerce ( *Cassation. Sirey,* t. 21, p. 200.)

3° L'endossement est valable, quoiqu'écrit d'une autre main que celle de l'endosseur ( *Paris. Sirey,* t. 12, p. 422). Jugé en ce sens ( *Bruxelles. Sirey,* t. 9, p. 399 ); à moins que cela n'eût été fait après la faillite de l'endosseur ( *Amiens. Sirey,* t. 14, p. 74 ). Voyez cependant *Cassation. Sirey,* t. 22, p. 17.

4° De ce qu'un endossement est irrégulier et n'opère pas transport, il ne suit pas que l'endosseur ne puisse bien être recherché pour raison des valeurs qu'il a reçues. ( *Lyon. Sirey,* t. 11, p. 226.)

5° L'endossement d'une lettre de change est un acte de commerce; il est nul lorsqu'il est passé par un juif non patenté. ( *Arrêt de rejet de la Cour de Cassation, du 21 février* 1814.)

6° Le tiers à qui une lettre de change est passée en vertu d'un endossement en blanc, est passible de l'action en revendication, s'il est constant qu'il n'en a pas fourni la valeur. ( *Arrêt de rejet de la Cour de Cassation, du 27 novembre* 1807.)

7° Lorsqu'une lettre de change a été négociée par un endossement en blanc, l'ordre que celui à qui elle a été négociée remplit à son profit sans fraude et sans préjudice des droits des créanciers du cédant, est valable et transmissif de la propriété. ( *Arrêt de la Cour de Bruxelles, du 13 juillet* 1809.)

## ARTICLE X.

### DE LA SYNONYMIE DES MOTS *VALEUR REÇUE EN ESPÈCES*, OU *VALEUR REÇUE COMPTANT*.

Ces deux expressions s'emploient alternativement dans les endossements pour faire connaître la valeur en écus qu'on reçoit en contre-valeur d'une lettre de change ou d'un billet.

Néanmoins, suivant les articles 110 et 188 du Code, concernant la lettre de change et le billet à ordre, on devrait employer la stipulation de *valeur reçue en espèces*; mais celle de *valeur reçue comptant* étant plus généralement reconnue, adoptée et mise en usage, on continue de s'en servir, puisqu'elle ne peut offrir matière à discussion.

L'ordonnance de 1673 (titre 5, art. 1, *de la lettre de change*, p. 70) remplaçait la stipulation: *valeur reçue en espèces* par celle-ci: *en deniers*; ce qu'on exprimait aussi par ces mots *valeur reçue comptant*; car il n'y a aucune différence entre ces deux manières de s'exprimer, ainsi qu'il a été jugé par arrêt du 15 juin 1684, rendu sur l'appel d'une sentence des juges-consuls de Paris, en date du 12 mai 1681.

## ARTICLE XI.

### DE LA RÉTROCESSION.

*Rétrocéder* est un terme de palais usité dans la banque, qui signifie *céder* une lettre de change ou un billet à ordre *à celui de qui on le tient déjà*; ainsi la rétrocession s'opère simplement par un nouvel endossement sans augmenter le nombre des coobligés de l'effet, puisque la double signature n'engage pas les parties plus qu'elles ne l'étaient primitivement.

Cette manière de rétrocéder est la seule qu'on puisse employer légalement, attendu que toute rature sur un endossement est interdite, sauf néanmoins le cas où celui qui passerait un ordre se trompât de nom, ou que celui auquel on destine un effet ne voulût pas s'en charger.

# ARTICLE XII.

## DE L'ALLONGE.

Lorsque le dos d'une traite, d'un mandat ou d'un billet à ordre est rempli par les endossements, et que l'effet doit encore être remis en circulation, le dernier porteur peut allonger son titre, en appliquant à la suite de son endossement une bande de papier qui se nomme *allonge*.

Alors, suivant l'usage et par sûreté, on doit, sur le côté opposé aux endossements, stipuler le contenu du corps de l'effet, ainsi que les noms des endosseurs, afin que l'allonge ne puisse être replacée sur un faux titre d'une valeur plus considérable.

L'allonge appliquée à un effet timbré n'est point assujétie au paiement d'un nouveau droit de timbre. (*Art.* 900 *du Journal de l'Enregistrement, rédigé par des employés supérieurs de l'Administration.*)

Voyez ci-contre le modèle d'une traite avec allonge.

*Nota.* A l'égard de la stipulation insérée sur l'allonge du côté parallèle à l'effet, la rédaction en sera faite suivant le contenu des lettres de change; et si c'est un billet, on suivra l'exemple ci-après :

*Allonge à un billet de DEUX MILLE FRANCS, souscrit à Beaucaire le 28 juillet 1829, par Thevenin aîné de Lyon, payable fin octobre à l'ordre de Blanchard, de Guillot et Leclerc, de Dupont aîné, de Cerveau jeune, de Dumarest frères, de Louis Clerjon, de Simonard, et enfin de Garnier fils.*

# ARTICLE XIII.

## DE L'ACQUIT POUR LETTRES DE CHANGE.

L'acquit est le reçu qu'on fait au dos d'une traite, d'un mandat ou d'un billet, lorsqu'on en reçoit la valeur.

*Payez à l'ordre de Messieurs v° Guerin
et fils, valeur reçue comptant.*
*Lyon, le 25 janvier 1829.*
J. BONTOUX et C°.

*Payez à l'ordre de Messieurs Bernadac
Regny et C°, valeur en compte.*
*Lyon, le 10 février 1829.*
V° GUERIN et fils.

*Payez à l'ordre de Messieurs Vincent
Devillas et C°, valeur en compte.*
*Marseille, le 15 février 1829.*
BERNADAC REGNY et C°.

*Payez à l'ordre de Messieurs F. Durand
et fils, valeur en compte.*
*Nîmes, le 25 février 1829.*
VINCENT DEVILLAS et C°.

*Payez à l'ordre de Messieurs Courtois et
C°, valeur en compte.*
*Montpellier, le 28 février 1829.*
F. DURAND et fils.

*Payez à l'ordre de Messieurs J. J. Bosc
et C°, valeur en compte.*
*Toulouse, le 10 mars 1829.*
COURTOIS et C°.

---

*Payez à l'ordre de vous-mêmes, Messieurs,
valeur en compte.*
*Bordeaux, 31 mars 1829.*
J. J. BOSC et C°.

Première.      Bâle, le 1er février 1829.      B. P. F. 5000.

A cent jours de date, payez, par cette première de change, à l'ordre de Messieurs J. Bontoux et Ce, CINQ MILLE FRANCS, valeur en compte. . . . . que passerez suivant l'avis de

Bon pour cinq mille francs,

MERIAN frères.

A Messieurs
Délessert et Ce,
A PARIS.

Visé pour valoir timbre, à Lyon, le 6 janvier 1829, fo 194 r°, c. 8. Reçu trois francs cinquante c. CHARREL.

Allonge à une Traite de CINQ MILLE FRANCS, tirée le 1er janvier 1829, par Merian frères, de Bâle, sur Delessert et Ce, à Paris, et payable à cent jours de date, à l'ordre de J. Bontoux et Ce, de Ve Guérin et fils, de Bernadac Regny et Ce, de Vincent Devillas et Ce, de Durand et fils, de Courtois et Ce, et enfin de J. J. Bosc et Ce.

Aussi, pour éviter toute contestation de mal payé, la prudence exige que ce titre de décharge soit signé par les mains des porteurs mêmes, et non par celles des commis ou garçons de caisse, attendu que ces derniers ne sont souvent pas assez connus, et qu'un effet soustrait ou perdu pourrait être reçu et acquitté par un tiers qui n'aurait pas qualité pour recevoir ; ce qui entraînerait dans une revendication peut-être plus qu'infructueuse, si l'on ne pouvait découvrir les faux porteurs.

EXEMPLES :

Pour acquit,<br>RAULLIER frères.

Les commis mettent :

Pour Raullier frères,<br>MARSAL.

Lorsqu'un tiers paie par intervention ou pour l'honneur de la signature d'un tireur ou d'un endosseur, on stipule :

Pour acquit des mains et deniers<br>de Messieurs Louis Pons et C<sup>e</sup>,<br>V<sup>e</sup> GUÉRIN et fils.

## TITRE DOUZIÈME.

# De la Solidarité.

Art. 140. Tous ceux qui ont signé, accepté ou endossé une lettre de change, sont tenus à la garantie solidaire envers le porteur.

La solidarité donne au créancier le droit de s'adresser à celui des débiteurs qu'il veut choisir, sans que celui-ci puisse lui opposer le bénéfice de division, c'est-à-dire offrir de payer sa part contributive du montant de la lettre de change, et renvoyer le créancier aux autres codébiteurs pour le surplus. ( Art. 1203 du Code Civil.)

Il est pareillement entendu que les poursuites faites contre l'un des débiteurs n'empêchent pas le créancier d'en exercer de pareilles contre les autres coobligés. ( Art. 1204 du Code Civil. )

Enfin, pour le recours à exercer en matière de lettre de change, voyez la règle légale dans l'art. 164 et suivants *des droits et devoirs du porteur.*

## ARRÊTS.

1° Lorsqu'un billet à ordre a été souscrit conjointement par un négociant et par sa femme, la femme est obligée solidairement avec son mari, bien que la femme ne soit pas marchande publique, et que le billet soit causé valeur reçue comptant. (*Paris. Sirey*, t. 20., p. 209.)

2° Celui qui, par un acte séparé, s'est rendu caution solidaire de l'accepteur d'un effet de commerce, ne peut être considéré comme donneur d'aval; et, dans le cas où il y aurait eu protêt de l'effet, la dénonciation dans les délais de la loi ne peut en être exigée à l'égard de cette caution comme à l'égard d'un endosseur ordinaire.

L'assignation donnée au souscripteur d'effets de commerce interrompt la prescription contre la caution solidaire, en sorte qu'elle ne peut courir à son profit, tant que la péremption de l'assignation n'a été ni demandée ni prononcée. (*Arrêt de la Cour de Paris, du* 13 *décembre* 1813.)

3° Le créancier porteur d'engagements solidaires entre le failli et d'autres coobligés qui sont en faillite, participera aux distributions dans toutes les masses jusqu'à son parfait et entier paiement. ( Art. 534 du Code de Commerce.)

## TITRE TREIZIÈME.

# De l'Aval.

Art. 141. Le paiement d'une lettre de change, indépendamment de l'acceptation et de l'endossement, peut être garanti par un aval.

Art. 142. Cette garantie est fournie par un tiers, sur la lettre même ou par acte séparé.

Le donneur d'aval est tenu solidairement et par les mêmes voies que les tireurs et endosseurs, sauf les conventions différentes des parties.

## COMMENTAIRES.

L'aval est une garantie ou un cautionnement qu'un tiers donne pour assurer qu'une lettre de change sera acceptée ou payée; par ce moyen, il en facilite la négociation au tireur, souscripteur ou porteur.

Suivant l'ancien usage, on mettait au bas du corps de l'effet, ou après l'endossement, *pour aval*, ou *pour servir d'aval*, et l'on signait.

Maintenant cet usage est très rare, par la raison que le donneur d'aval sans restriction se trouve, en cas de non-paiement, solidairement obligé envers le tireur, accepteur ou endosseur, et principalement parce que l'aval pourrait porter atteinte au crédit de celui pour lequel on le donnerait.

Dans ces deux hypothèses, celui qui oblige doit préférer endosser l'effet, parce qu'il n'est ni plus ni moins engagé.

Et dans le cas qu'il veuille s'abstenir d'être endosseur, il peut, par acte séparé ou par voie de correspondance, donner la même garantie, puisque ces deux moyens sont reconnus par l'article 142, et qu'ils ont la même force que celui de l'endossement, qui assujétit à la solidarité et à la contrainte par corps.

L'aval considéré comme cautionnement peut, d'après l'intention du législateur et dans l'intérêt du commerce, être restreint; car, tel qui cautionnera une partie d'un engagement ne voudra pas toujours le cautionner en entier. (Article 2013 du Code Civil.)

Par conséquent, s'il existe restriction, il existe indubitablement réserves de droit qu'on ne peut stipuler que par acte séparé ou par correspondance; ainsi, la formule de l'aval sur une lettre de change n'est plus praticable.

L'expression d'*aval* ne peut être usitée que pour les garanties d'acceptation ou de paiement; par conséquent, c'est à tort que l'on s'en sert en remplacement de celle de déclaration ou de garantie qu'on doit employer pour les autres cas qui dépendent toujours de la sécurité du preneur de l'effet.

Ainsi, si un effet qu'on négocie n'a pas le temps d'arriver au lieu du paiement avant l'époque de son échéance, le preneur, pour ne pas être garant du défaut de diligence, réclame une déclaration ou peut faire stipuler dans l'endossement la même sûreté.

La même déclaration peut encore être réclamée par celui qui cède un effet, lorsqu'il ne veut pas, en cas de non-paiement, éprouver un protêt ou le faire supporter à son débiteur ou à son correspondant. ( Voyez à ce sujet titre 11, *de l'Endossement*, p. 77.)

En résumé, l'aval séparé ne peut produire le même effet que le véritable aval, parce que n'étant pas ostensible pour tous, il n'est favorable qu'à celui qui l'a reçu.

L'aval apposé sur un effet ou remis par acte séparé est prescrit, suivant les articles 142 de l'aval, et 189 de la prescription, après le délai de *cinq ans*; tandis que la prescription du cautionnement n'est acquise qu'après le délai de *trois ans*. (Article 155 du Code de Commerce, inséré dans le titre *du Paiement*, p. 94.)

EXEMPLE :

*Aval pour servir à un billet de DEUX MILLE FRANCS souscrit à Nîmes le 20 janvier 1830, par P. Germain, à l'ordre de Chaurand, et payable fin juillet prochain.*
*Bon pour aval. Nîmes, 21 janvier 1830.*　　　HUGONET.

ARRÊTS.

1° Le donneur d'aval, qui a cautionné le souscripteur d'un effet de commerce n'est pas libéré tant que le souscripteur reste obligé. Il ne peut, comme l'endosseur, exciper du défaut de protêt en temps utile. ( *Cassation. Sirey*, t. 18, p. 268.) Jugé en ce sens ( *Lyon. Sirey*, t. 18, p. 273).

2° L'individu non négociant qui a donné son aval sur un billet à ordre souscrit par un négociant, est passible de la contrainte par corps, si le billet à ordre a pour cause une opération de commerce. ( *Bruxelles. Sirey*, t. 14, p. 369.)

3° Une obligation hypothécaire consentie pour la sûreté d'une lettre de change et au profit des porteurs actuels, est réputée aval et profite à tous ceux qui acquièrent ultérieurement la lettre de change par la voie de l'endos-sement. (*Arrêt de la Cour de Cassation, du 5 nivose an 13, 26 décembre 1804.*)

4° La signature d'un tiers au bas de celle du tireur suffit pour l'aval, encore que la signature ne soit pas accompagnée des mots : *pour servir d'aval*, ou *pour aval*. (*Arrêt de la Cour de Colmar, du 22 novembre 1811.*)

5° L'aval n'est soumis à aucune forme particulière ; il n'est point né-cessaire qu'il soit au bas ou en dehors de l'effet ; il peut être au dos, avoir même la forme d'un endossement. (*Cassation. Sirey*, t. 19, p. 345.)

## TITRE QUATORZIÈME.

# Du Paiement.

Art. 143. Une lettre de change doit être payée dans la monnaie qu'elle indique.

144. Celui qui paie une lettre de change avant son échéance, est responsable de la validité du paiement.

145. Celui qui paie une lettre de change à son échéance et sans opposition, est présumé valablement libéré.

146. Le porteur d'une lettre de change ne peut être contraint d'en recevoir le paiement avant l'échéance.

147. Le paiement d'une lettre de change fait sur une seconde, troi-sième, quatrième, etc., porte que ce paiement annule l'effet des autres.

148. Celui qui paie une lettre de change sur une seconde, troisième, quatrième, etc., sans retirer celle sur laquelle se trouve son acceptation, n'opère point sa libération à l'égard du tiers porteur de son acceptation.

149. Il n'est admis d'opposition au paiement qu'en cas de perte de la lettre de change ou de la faillite du porteur.

150. En cas de perte d'une lettre de change non acceptée, celui à qui

elle appartient, peut en poursuivre le paiement sur une seconde, une troisième, une quatrième, etc.

Art. 151. Si la lettre de change perdue est revêtue de l'acceptation, le paiement ne peut en être exigé sur une seconde, troisième, quatrième, etc.; que par ordonnance du juge et en donnant caution.

152. Si celui qui a perdu la lettre de change, qu'elle soit acceptée ou non, ne peut représenter la seconde, troisième, quatrième, etc., il peut demander le paiement de la lettre de change perdue, et l'obtenir par l'ordonnance du juge en justifiant de sa propriété par ses livres, et en donnant caution.

153. En cas de refus de paiement, sur la demande formée en vertu des deux articles précédents, le propriétaire de la lettre de change perdue conserve tous ses droits par acte de protestation.

Cet acte doit être fait le lendemain de l'échéance de la lettre de change perdue.

Il doit être notifié aux tireurs et endosseurs dans les formes et délais prescrits ci-après pour la notification du protêt.

154. Le propriétaire de la lettre de change égarée doit, pour s'en procurer la seconde, s'adresser à son endosseur immédiat, qui est tenu de lui prêter son nom et ses soins pour agir envers son propre endosseur, et ainsi en remontant d'endosseur en endosseur jusqu'au tireur de la lettre. Le propriétaire de la lettre de change égarée supportera les frais.

155. L'engagement de la caution mentionné dans les articles 151 et 152 est éteint après trois ans, si pendant ce temps il n'y a eu ni demande ni poursuite juridique.

156. Les paiements faits à compte sur le montant d'une lettre de change sont à la décharge des tireurs et endosseurs.

Le porteur est tenu de faire protester la lettre de change pour le surplus.

157. Les juges ne peuvent accorder aucun délai pour le paiement d'une lettre de change.

## OBSERVATIONS.

### MONNAIE DE BILLON.

Les pièces dites *de cuivre* ou *de billon* ne peuvent être employées dans les paiements, si ce n'est de gré à gré que pour l'appoint de la pièce de cinq francs (*Acte du gouvernement du 18 août 1810.*)

### BILLETS DE BANQUE.

On ne peut forcer quelqu'un à recevoir des billets de banque en paiement d'une lettre de change. (*Avis du conseil d'état, 21 frimaire an 14 — 12 décembre 1805, approuvé le 30 frimaire — 21 décembre.*)

### PASSE DE SACS.

#### (*Décret du 1er juillet 1806.*)

Art. 1er. Le prélévement qui sera fait par le débiteur sous le nom de *passe de sacs*, en remboursement de l'avance faite par lui des sacs contenant les espèces qu'il donne en paiement, ne pourra avoir lieu, à compter de la publication du présent décret, que dans les cas et au taux exprimés dans les articles suivants.

Art. 2. Dans les paiements en pièces d'argent de sommes de 500 fr. et au dessus, le débiteur est tenu de fournir le sac et la ficelle. Les sacs seront d'une dimension à contenir au moins 1000 fr. chacun; ils seront en bon état, et fait avec la toile propre à cet usage.

Art. 3. La valeur des sacs sera payée par celui qui reçoit, ou la retenue en sera exercée par celui qui paie, sur le pied de quinze centimes par sac.

### RECOUVREMENT PAR PROCURATION.

Celui qui a souscrit un endossement irrégulier, et qui par là n'a donné qu'une procuration, peut s'opposer au paiement de la lettre de change; c'est le seul moyen qu'il ait de révoquer sa procuration, mais l'opposition n'a d'effet qu'autant que celui que l'endossement irrégulier a rendu porteur de la lettre n'en aurait pas disposé par endossement régulier au profit d'un tiers. (PARDES- sus, *Cours de Droit commercial*, t. 2, p. 498.)

## ARRÊTS.

1° Un endosseur ne peut se refuser à prêter son nom et ses soins sous prétexte que le réclamant, n'ayant pas fait les diligences nécessaires en temps utile, a perdu son recours contre lui. (*Arrêt de la Cour de Turin. Sirey*, t. 14, p. 257.)

2° Un débiteur qui a obtenu de ses créanciers délai pour le paiement, ne peut, en cas de non-paiement du premier terme convenu, obtenir proroga- tion de délai du Tribunal de Commerce. (*Douai. Sirey*, t. 16, p. 99.)

3° L'accepteur d'une lettre de change ne peut être traduit devant le tribunal du domicile de l'endosseur et réciproquement. (*Arrêt de la Cour de Paris, du 4 octobre* 1808.)

4° Lorsque l'accepteur s'oblige à payer à son domicile dans un lieu où il n'y a pas de domicile réel, cette énonciation relative au domicile est moins une supposition qu'une élection de domicile; dans ce cas, la lettre de change n'est pas réputée simple promesse dans le sens de l'art. 112. (*Arrêt de rejet de la Cour de Cassation, du 26 décembre* 1808.)

5° Le négociant qui charge un commissionnaire d'acheter pour son compte, et de tirer sur un tiers des lettres de change en paiement des marchandises, n'est pas censé être lui-même le tireur, en ce sens qu'il ne puisse être utilement actionné en garantie dans le délai fixé par les lois du commerce à l'égard du tireur; au contraire, comme simple obligé, il est tenu de rembourser au vendeur le prix des marchandises en cas de protêt ou de non-paiement des lettres de change, quoiqu'on n'ait point agi contre lui dans le temps prescrit pour le recours en garantie contre les tireurs et endosseurs. (*Arrêt de la Cour de Cassation, du* 16 *août* 1809.)

6° En matière de lettre de change, les offres qui ne renferment pas tous les intérêts qui ont couru à partir du protêt, sont insuffisantes et nulles à cet égard: l'offre de parfaire ne peut suffire. (*Arrêt de la Cour de Paris, du* 25 *août* 1810.)

7º La preuve testimoniale n'est pas admissible pour établir le paiement d'une somme due par lettre de change en condamnation. (*Arrêt de la Cour de Cassation, du 5 février 1812.*)

8º Celui qui a prié son ami d'accepter des lettres de change tirées par lui ou par d'autres de son ordre, et qui a promis d'en faire les fonds à l'échéance, s'il manque à les faire, peut être assigné devant les juges du lieu du paiement, non seulement à raison des lettres de change tirées par lui, mais encore à raison des lettres de change tirées par d'autres de son ordre. (*Arrêt de rejet de la Cour de Cassation, du 17 mars 1812.*)

9º L'article 1244 du Code Civil qui autorise les tribunaux à accorder des sursis, peut être étendu aux lettres de change, surtout dans les circonstances calamiteuses entre proches, et lorsque la dette a une origine non commerciale. (*Arrêt de la Cour de Colmar, du 22 novembre 1815.*)

10º L'endosseur qui, en cas de non paiement, rembourse volontairement la lettre de change qu'il a négociée, doit, à peine de déchéance, exercer son recours contre son cédant dans le délai de quinzaine (augmenté selon les distances), à partir du jour de son remboursement; il ne peut lui être accordé plusieurs délais de quinzaine en raison de ce qu'il se trouve avant lui d'autres endosseurs ayant remboursé : un seul ne peut pas profiter du délai de tous. (*Arrêt de la Cour de Colmar, du 11 janvier 1816.*)

# ARTICLE PREMIER.

## DE LA STIPULATION DE MONNAIE ÉTRANGÈRE SUR LETTRE DE CHANGE.

Art. 143. «Une lettre de change doit être payée dans la monnaie qu'elle indique.»

La loi, par cet article, n'entend désigner que les différentes monnaies qui circulent sous son empire, c'est-à-dire qu'elle veut qu'un effet stipulé payable en pièces d'or ne puisse être acquitté en monnaie d'argent ou de cuivre.

Ainsi, puisqu'elle ne fait nullement mention des monnaies étrangères, on doit conclure qu'un négociant français sur lequel on aurait fourni d'Amsterdam des florins, n'est pas tenu de satisfaire le porteur de la traite en cette monnaie; puisqu'elle n'existe pas en France ; mais qu'il a le droit de l'acquitter avec celle qui y est en usage, en se fixant pour son montant au cours que la monnaie aura lors de l'échéance, à moins de stipulation ou de convention contraire de la part du tireur.

## ARTICLE II.

### DE L'ESCOMPTE DU BILLET A DOMICILE.

Art. 144. « Celui qui paie une lettre de change avant son échéance, est responsable de la validité du paiement. »

En conséquence, si un billet à domicile est présenté avant son échéance pour être escompté, et que cette opération convienne à celui qui est censé devoir l'acquitter, il ne doit le prendre par précaution que d'après un endossement régulier, et non sur un simple acquit, afin de ne pas se trouver en défaut, et de conserver son recours contre son cédant, si le souscripteur était inexact à lui faire les fonds à l'échéance.

## ARTICLE III.

### DU PORTEUR NON CONNU.

Lorsqu'on ne connaît pas le porteur d'un effet qui vient en réclamer le paiement, on doit par prévoyance, et dans la crainte de mal payer, s'il n'était pas le vrai propriétaire, lui demander de se faire présenter par une personne connue dans la ville, afin d'acquérir la certitude qu'il a qualité pour recevoir.

Et dans le cas qu'il fût étranger et sans connaissance, on doit confronter sa signature avec celle qu'il a apposée sur son passeport, afin de s'assurer qu'on paie validement.

## ARTICLE IV.

## DU BILLET PERDU APRÈS RÉCEPTION.

La perte d'un billet à ordre est d'une nature bien différente que celle *d'une traite ou d'un mandat*, attendu qu'on peut remplacer ces deux derniers titres par une seconde ou par un duplicata, tandis que le même avantage n'existe pas pour le billet.

Dans ce cas, puisque la loi a été muette à cet égard, il est essentiel de faire connaître le parti qu'on doit prendre dans une pareille circonstance.

Celui qui a perdu ou égaré un billet doit, d'après l'art. 149, faire signifier au souscripteur l'acte d'opposition au paiement pour constater qu'il en est le vrai propriétaire, et que toute réclamation pour paiement devient illégitime, si elle n'est pas corroborée par un endossement légal de sa part.

D'après ce principe inattaquable, comme la durée du remboursement doit avoir des limites, le créancier ou celui qui a égaré l'effet, a droit, conformément à l'art. 152, de réclamer un nouveau billet ou une nouvelle remise pour ne pas rester en souffrance de sa créance; ce qui l'assujétit préalablement et suivant l'art. 151, à donner caution, et même certificateur de caution, si le cas y échet, afin de garantir le débiteur de l'invalidité du paiement.

La loi, par la prévoyance du cautionnement, a fermé la porte aux abus qu'un porteur de mauvaise foi pourrait faire naître, s'il osait faire réclamer par un tiers le paiement du titre primitif auquel il a renoncé par la signification, et dont il se trouve couvert par la nouvelle remise du débiteur.

## ARTICLE V.

## DU BILLET ÉGARÉ A LA POSTE.

Ce nouveau cas du billet égaré à la poste, quoique rare, mérite néanmoins par sa nature d'être considéré sous deux différents points de vue, afin de fixer irrévocablement la marche qu'on doit tenir dans une pareille conjoncture.

Si le débiteur et le créancier sont antérieurement liés d'intérêts, et qu'il existe entre eux une confiance mutuelle, le débiteur doit se borner à remettre un nouveau titre au créancier qui, de son côté, doit lui assurer par correspondance que l'effet adiré ne lui est pas parvenu, et que dans le cas qu'il paraisse, il s'abstiendra de le mettre en circulation.

Maintenant il faut supposer l'inverse entre le débiteur et le créancier, c'est-à-dire qu'il peut exister astuce et suspicion ; dans cette seconde hypothèse, le débiteur doit pareillement fournir un second titre ; mais il a le droit de le rédiger en conséquence, et le créancier doit aussi de son côté fournir une déclaration qui garantisse le souscripteur d'une double réclamation.

MODÈLE DU BILLET.

B. P. F. 895.

*Fin juillet prochain, je paierai (sur ce second billet, le premier, daté du 10 avril, étant adiré), à l'ordre de Monsieur Nérac, la somme de HUIT CENT NONANTE-CINQ FRANCS, valeur pour soldé de tout compte jusqu'à ce jour, me réservant par le présent tout récours contre qui de droit si le premier m'était présenté.*

*Troyes, le 30 mai 1829.* PASCAL.

Art. 139. « Il est défendu d'antidater les ordres, à peine de faux.

Par conséquent, le second billet doit être daté du jour où il est mis en circulation, et non du jour où le primitif a été souscrit. Cette différence de date doit être mentionnée comme dans le modèle ci-dessus ; et s'il arrivait que les circonstances de l'égarement de l'effet nécessitassent la prolongation du paiemant, on devrait pareillement le relater, en mettant sur ce second billet : *Le premier, en date du 10 avril et payable fin juillet, étant adiré.*

Si ce billet n'est pas pour solde de tout compte, on mettra alors : *Pour solde de telle facture,* ou *Pour solde de toute opération.*

MODÈLE DE LA DÉCLARATION.

*Je soussigné déclare que le billet de HUIT CENT NONANTE-CINQ FRANCS, souscrit par Monsieur Pascal, de Troyes, le 10 avril 1829, et payable à mon ordre, fin juillet prochain, dont il m'annonce d'après sa lettre du 15 mai m'avoir fait remise dans sa précédente du 10 avril, ne m'est nullement parvenu ; en conséquence, je m'abstiens par la présente déclaration, si ledit billet me parvenait après une nouvelle remise, d'en réclamer ou d'en faire réclamer la valeur, sous peine de tous frais, dommages et intérêts.*

*Rouen, le 20 mai 1829.* NÉRAC.

# ARTICLE VI.

## DU RETOUR SANS FRAIS.

Lorsqu'on fournit sur papier libre un mandat ou une traite, ou qu'on négocie le billet d'un correspondant, on doit, dans l'incertitude de savoir si le paiement s'effectuera, apposer sur l'effet qu'on met en circulation : *Retour sans frais.*

Cette précaution, en cas de non-paiement, dispense le tireur ou le cédant du remboursement des frais de visa pour timbre, de l'amende, du droit d'enregistrement, du décime, et enfin d'un compte de retour.

Les mots *retour sans frais* doivent être apposés au dessus de la signature du tireur ou du cédant, afin que son intention ne soit pas méconnue.

Car, dans le cas contraire, ou comme cela se pratique assez ordinairement, on ajoute ces mots au dessous ou à côté de la signature ; la condition devient nulle en justice, parce qu'elle ne fait pas partie intégrante de la volonté, qui doit être revêtue d'une signature.

On doit encore observer à cet égard que souvent la bienséance oblige de ne pas insérer une pareille restriction sur les effets, afin de ne pas blesser l'amour-propre du tiré ou du souscripteur ; en ce cas, le cédant doit exiger du preneur une déclaration particulière pour assurer l'exécution de son intention.

Néanmoins il ne s'en suit pas, d'après cette restriction, que les endosseurs subséquents, et qui ne sont pas liés dans l'endossement par les mots *retour sans frais*, ne puissent, suivant leur désir, et par plus grande sécurité, faire protester l'effet; mais dans ce cas ils ne peuvent, pour les frais qu'ils ont fait naître, les réclamer qu'à ceux qui ont transmis l'effet sans restriction, les autres se trouvant en cas de non-paiement, dégagés légalement du remboursement de ces frais.

Malgré cette opinion, qu'on ne peut réfuter, le tribunal de Commerce de Paris a décidé, le 3 janvier 1828, que la mention du retour sans frais écrite par un endosseur au bas d'un effet de commerce ne dispense point le tiers porteur de l'obligation du protèt, lors même que celui-ci est le cessionnaire même de l'auteur de cette invitation.

Un seul exemple va prouver que cette décision n'est pas *sans appel*, et qu'en suivant un pareil principe, on méconnaît la volonté très formelle d'un cessionnaire d'effet, qui entend que les conditions qu'il prescrit soient ponctuellement exécutées; car il en est de la condition du retour sans frais comme de toutes autres stipulations portées sur une lettre de change, qui doivent avoir leur pleine et entière exécution.

Paul, de Marseille, tire sur Jean, de Paris (avec la stipulation expresse de *retour sans frais* corroborée par sa signature), à l'ordre de Pierre, aussi de Marseille, qui promet au tireur d'envoyer *directement* l'effet en recouvrement, et de ne pas s'écarter de son mandat, promesse échappatoire qui n'a plus son effet lorsque la traite est entre les mains de Pierre, qui lui fait prendre une marche détournée.

La traite à son échéance est impayée, les tiers porteurs la font protester avec compte de retour; elle revient revêtue de cette formalité entre les mains de Pierre; maintenant, Pierre a-t-il le droit de réclamer les frais à Paul tireur? Non, parce que les conventions entre Paul et Pierre sont par écrit et incontestables, et que, si Pierre a voulu courir les risques du non-paiement, c'est à lui d'en supporter les frais qui ne regardent nullement Paul tireur, *celui-ci n'étant tenu qu'au remboursement seulement du capital.*

Si le tireur, ou quelqu'un des signataires de la lettre, avait ajouté à sa signature une invitation de ne pas protester (ce qui s'exprime par les mots *retour sans protêt* ou *sans frais*), le preneur, quand cette clause a été insérée dans la lettre, ou celui qui en est devenu propriétaire en vertu d'un endossement qui la contiendrait, est astreint à faire connaître amiablement et sans frais le défaut de paiement, et les déchéances ne peuvent lui être opposées par celui qui a mis cette clause; mais on ne peut l'invoquer contre les endosseurs subséquents; et ceux-ci ne peuvent s'en prévaloir les uns à l'égard des autres. (PARDESSUS, *loco citato*, p. 509 et 510.)

Enfin, même analogie avec la traite pour compte, depuis la modification à l'art. 115 par la loi du 19 mars 1817. (Voyez *Traite pour compte*, p. 15.)

La liberté que les mots *retour sans frais* donnent au porteur et aux endosseurs d'une lettre de change est ordinairement abusive, puisqu'il est facultatif à un porteur de temporiser pour le paiement d'un effet avec le tiré ou le souscripteur, et que les endosseurs subséquents peuvent aussi à leur gré négliger le prompt retour de l'effet impayé; ainsi, une tardive réclamation de la part du premier endosseur peut lui devenir funeste, si le tireur ou le souscripteur devenait insolvable après les délais de rigueur.

En conséquence, pour obvier à toute contestation, on devrait assimiler de pareils retours à ceux qui sont légalement accompagnés d'un protêt, et suivre à cet égard les délais que prescrit l'article 165 *sur les droits et devoirs du porteur*.

## TITRE QUINZIÈME.

# Du Paiement par Intervention.

Art. 158. « Une lettre de change protestée peut être payée par tout intervenant, pour le tireur ou pour l'un des endosseurs.

« L'intervention et le paiement seront constatés dans l'acte de protêt ou à la suite de l'acte.

159. « Celui qui paie une lettre de change par intervention, est subrogé aux droits du porteur, et tenu des mêmes devoirs pour les formalités à remplir.

« Si le paiement par intervention est fait pour le compte du tireur, tous les endosseurs sont libérés.

« S'il est fait par un endosseur, les endosseurs subséquents sont libérés.

« S'il y a concurrence pour le paiement d'une lettre de change par intervention, celui qui opère le plus de libérations est préféré.

« Si celui sur qui la lettre était originairement tirée et sur qui a été fait
le protêt faute d'acceptation, se présente pour la payer, il sera préféré à
tout autre. »

## COMMENTAIRES.

Le paiement par intervention a lieu, lorsque la personne sur qui une lettre
de change est tirée, refuse de la payer, et qu'un tiers se présente pour en
faire le paiement.

L'intervenant peut être étranger à la lettre de change, comme aussi il peut
être un endosseur, et par conséquent intervenir, soit pour l'honneur de sa
propre signature, soit pour l'honneur de la signature de l'un de ses garants.
Le tiré lui-même, tout en laissant la signature du tireur en souffrance, peut
intervenir pour un des endosseurs. Les mots *par tout intervenant*, employés dans la rédaction de l'article 158, ne laissent aucun doute à cet
égard.

Une obligation peut être acquittée par un tiers qui n'y est point intéressé,
pourvu que ce tiers agisse au nom et en l'acquit du débiteur, ou que, s'il agit
en son nom propre, il ne soit pas subrogé aux droits du créancier. ( *Code
Civil*, art. 1236.)

Une condition essentielle, c'est que la lettre de change ait été protestée ; sans
cela le paiement serait présumé à la décharge du tiré, et ne créerait point en
faveur de celui qui l'a fait la subrogation dont parle l'article suivant. ( PAR-
DESSUS, *Cours de Droit commercial*, t. 2, p. 481.)

## ARRÊT.

Celui qui acquitte une lettre de change par intervention, n'est pas tenu,
pour être subrogé aux droits du porteur, de déclarer dans le protêt pour quelle
personne il entend payer. (*Cassation. Sirey*, t. 16, p. 208.)

## TITRE SEIZIÈME.

# Des Droits et Devoirs du Porteur.

Art. 160. « Le porteur d'une lettre de change tirée du continent et des îles de l'Europe, et payable dans les possessions européennes de la France, soit à vue, soit à un ou plusieurs jours, mois ou usances de vue, doit en exiger le paiement ou l'acceptation dans les six mois de date, sous peine de perdre son recours sur les endosseurs, et même sur le tireur, si celui-ci a fait provision.

« Le délai est de huit mois pour les lettres de change tirées des échelles du Levant et des côtes septentrionales de l'Afrique sur les possessions européennes de la France, et réciproquement du continent et des îles de l'Europe sur les établissements français aux échelles du Levant et aux côtes septentrionales de l'Afrique.

« Le délai est d'un an pour les lettres de change tirées des côtes occidentales de l'Afrique, jusques et compris le cap de Bonne-Espérance.

« Il est aussi d'un an pour les lettres de change tirées du continent et des îles des Indes occidentales sur les possessions européennes de la France, et réciproquement du continent et des îles de l'Europe sur les possessions françaises ou établissements français aux côtes occidentales de l'Afrique, au continent et aux îles des Indes occidentales.

« Le délai est de deux ans pour les lettres de change tirées du continent et des îles des Indes orientales sur les possessions européennes de la France, et réciproquement du continent et des îles de l'Europe sur les possessions françaises ou établissements français au continent et aux îles des Indes orientales.

« Les délais ci-dessus de huit mois, d'un an ou de deux ans sont doublés en cas de guerre maritime. »

Cet article a été modifié par les quatre paragraphes suivants, d'après la loi du 19 mars 1817 :

« La même déchéance aura lieu contre le porteur d'une lettre de change à vue, à un ou plusieurs jours, mois ou usances de vue, tirée de la France, des possessions ou établissements français, et payable dans les pays étrangers, qui n'en exigera pas le paiement ou l'acceptation dans les délais ci-dessus prescrits pour chacune des distances respectives.

« Les délais ci-dessus de huit mois, d'un an ou de deux ans sont doublés en cas de guerre maritime.

« Les dispositions ci-dessus ne préjudicieront néanmoins pas aux stipulations contraires qui pourraient intervenir entre le preneur, le tireur et même les endosseurs.

« Les tireurs et endosseurs français de lettres de change de l'espèce désignée en l'art. 2, paragraphe 1er, de la présente loi, lesquelles se trouveront actuellement en circulation, ne pourront être poursuivis en recours, faute de paiement, si lesdites lettres n'ont été présentées au paiement ou à l'acceptation dans les délais fixés par le même article précédent, en comptant, pour cette fois seulement, ces délais à dater de six mois après la publication de la présente loi. »

Art. 161. « Le porteur d'une lettre de change doit en exiger le paiement le jour de son échéance. »

162. « Le refus de paiement doit être constaté le lendemain du jour de l'échéance, par un acte qu'on nomme *protêt faute de paiement.* »

163. « Le porteur n'est dispensé du protêt faute de paiement, ni par le protêt faute d'acceptation, ni par la mort ou faillite de celui sur qui la lettre de change est tirée.

« Dans le cas de faillite de l'accepteur avant l'échéance, le porteur peut faire protester et exercer son recours. »

164. « Le porteur d'une lettre de change protestée faute de paiement peut exercer son action en garantie, ou individuellement contre le tireur et chacun des endosseurs, ou collectivement contre les endosseurs et le tireur. La même faculté existe pour chacun des endosseurs à l'égard du tireur et des endosseurs qui le précèdent. »

165. « Si le porteur exerce le recours individuellement contre son cédant, il doit lui faire notifier le protêt; et, à défaut de remboursement, le faire citer en jugement dans les quinze jours qui suivent la date du protêt, si celui-ci réside dans la distance de cinq myriamètres (10 lieues de poste).»

Ce délai, à l'égard du cédant domicilié à plus de cinq myriamètres de l'endroit où la lettre de change était payable, sera augmenté d'un jour par deux myriamètres et demi (5 lieues de poste), excédant les cinq myriamètres.

*Nota.* Le myriamètre comprend deux lieues de poste.

Art. 166. « Les lettres de change tirées de France et payables hors du territoire continental de la France, en Europe, étant protestées, les tireurs et endosseurs résidant en France seront poursuivis dans les délais ci-après :

« De deux mois pour celles qui étaient payables en Corse, dans l'île d'Elbe et de Capraïa, en Angleterre et dans les états limitrophes de la France ;

« De quatre mois pour celles qui étaient payables dans les autres états de l'Europe ;

« De six mois pour celles qui étaient payables aux échelles du Levant et sur les côtes septentrionales de l'Afrique.

« Dans un an pour celles qui étaient payables aux côtes occidentales de l'Afrique, jusques et compris le cap de Bonne-Espérance, et dans les Indes occidentales ;

« De deux ans pour celles qui étaient payables dans les Indes orientales.

« Ces délais seront observés dans les mêmes proportions pour le recours a exercer contre les tireurs et endosseurs résidant dans les possessions françaises situées hors de l'Europe.

« Les délais ci-dessus de six mois, d'un an et de deux ans seront doublés en temps de guerre maritime. »

167. « Si le porteur exerce son recours collectivement contre les endosseurs et tireurs, il jouit, à l'égard de chacun d'eux, du délai déterminé par les articles précédents.

« Chacun des endosseurs a le droit d'exercer le même recours, ou individuellement, ou collectivement dans le même délai.

« A leur égard, le délai court du lendemain de la date de la citation en justice. »

168. « Après l'expiration des délais ci-dessus, pour la présentation de la lettre de change à vue, ou à un ou plusieurs jours ou mois ou usances de vue, pour le protêt faute de paiement, pour l'exercice de l'action en garantie,

le porteur de la lettre de change est déchu de tout droit contre les endosseurs. »

Art. 169. « Les endosseurs sont également déchus de toute action en garantie contre les cédants, après les délais ci-dessus prescrits, chacun en ce qui le concerne. »

170. « La même déchéance a lieu contre le porteur et les endosseurs à l'égard du tireur lui-même, si ce dernier justifie qu'il y avait provision à l'échéance de la lettre de change.

« Le porteur, en ce cas, ne conserve d'action que contre celui sur qui la lettre était tirée. »

171. « Les effets de la déchéance prononcée par les trois articles précédents cessent en faveur du porteur contre le tireur ou contre celui des endosseurs qui, après l'expiration des délais fixés pour le protêt, la notification du protêt ou la citation en jugement, a reçu par compte, compensation ou autrement, les fonds destinés au paiement de la lettre de change. »

172. « Indépendamment des formalités prescrites pour l'exercice de l'action en garantie, le porteur d'une lettre de change protestée faute de paiement ne peut en obtenant la permission du juge, saisir conservatoirement les effets mobiliers des tireurs, accepteurs et endosseurs. »

## OPINIONS.

Si le porteur a fait protester avant l'échéance, dans le cas de faillite de l'accepteur, le délai de quinze jours pour notifier le protêt et assigner en jugement commence à compter du jour que le protêt aurait dû être fait dans le cours ordinaire des choses. (PARDESSUS, *Cours de Droit commercial*, t. 2, p. 512.)

Le porteur qui, après le protêt, négligerait de recourir à temps contre son cédant immédiat, ne serait pas fondé, en agissant contre le tireur ou l'un des endosseurs antérieurs, à prétendre contre lui autant de quinzaines que chaque endosseur intermédiaire en aurait eues contre celui qui le précède. Ces délais ne lui sont accordés qu'à l'égard de chacun de ceux qu'il poursuit; en sorte que si le porteur veut se pourvoir contre le tireur ou le premier endosseur sans attaquer les autres, il doit agir contre lui dans la quinzaine, à compter du lendemain du protêt. (PARDESSUS, *loc. cit.*, p. 514.)

# ARTICLE PREMIER.

## DE LA FORCE MAJEURE.

Les événements graves qui caractérisent la force majeure et qui suffisent pour relever le porteur d'une lettre de change de la non-garantie envers son cédant ou ses coobligés, sont :

L'invasion de l'ennemi, le siége d'une ville, une inondation ou une épidémie, circonstances plus que suffisantes pour l'interruption de toute communication.

La loi, par son article 168, ne s'étant pas expliquée sur la force majeure, on doit prendre pour guide à ce sujet les décisions, arrêts et avis ci-après rapportés :

1° La décision du conseil d'état, suivant le procès-verbal de la séance du 31 janvier 1807.

Il arrêta qu'afin de ne pas ouvrir la porte aux abus en liant la conscience des tribunaux par une règle trop précise, il ne serait pas inséré dans le Code de Commerce de disposition sur l'exception de la force majeure.

2° L'arrêt de la Cour de Cassation, du 28 mars 1810, qui est ainsi conçu :

« De ce que l'article 168 déclare en termes généraux et absolus qu'à défaut de protêt à l'échéance, le porteur est sans action contre les endosseurs, il ne résulte pas que dans le cas où des événements de force majeure auraient empêché la présentation, et par suite le protêt des lettres de change à leur échéance, le jugement de cette exception ne soit pas abandonné aux lumières et à la sagesse des juges qui doivent la rejeter ou l'admettre, d'après les règles de la justice et de l'équité appliquées aux faits et circonstances que présentent les affaires qui leur sont soumises. »

3° L'avis du conseil d'état, du 25 janvier 1814, porte :

« L'invasion de l'ennemi est un cas de force majeure qui peut relever le porteur de lettres de change et de billet à ordre, de la déchéance à défaut de protêt. »

# ARTICLE II.

## DU REMBOURSEMENT SUR PROTÊT NUL.

On entend par *protêt nul* un protêt dont la date sera postérieure à celle qu'il doit légalement avoir, par exemple, celle du lendemain de l'échéance de l'effet.

Ainsi, si l'on rembourse un effet protesté, sans faire attention que le protêt est nul par la tardiveté de l'acte, peut-on demander la restitution de la somme payée ?

La Cour de Cassation a décidé cette question par son arrêt du 7 mars 1815 :

« Elle a jugé que le payeur devait s'imputer à lui-même sa propre négligence, et ne pouvait demander la restitution de ce qu'il avait payé ; qu'il n'avait par acquitté une somme non due ; qu'il n'avait fait que renoncer à une exception qui lui était acquise. »

# ARTICLE III.

## DU DROIT DU PORTEUR ENVERS SON CÉDANT,

### SEULEMENT POUR CAUSE DE NÉGOCIATION TARDIVE.

Si l'on prend un effet qui n'a pas le temps d'arriver le jour de l'échéance au lieu du paiement, ou si l'on se charge d'une valeur presque échue au moment de la remise, on peut se dispenser de réclamer un aval ou une déclaration pour se garantir du défaut de diligence, attendu que la date de l'endossement prouve assez clairement qu'il y a eu impossibilité de faire présenter l'effet en temps utile, et que par conséquent on n'a pu se conformer aux articles 161 et 162.

Ainsi, dans le cas que l'effet soit impayé, le preneur ne peut avoir recours que contre son cédant, les autres coobligés se trouvant dégagés. C'est dans cette hypothèse qu'il est toujours essentiel d'être assuré de la solvabilité du donneur.

## ARRÊTS.

Lorsqu'une lettre de change est négociée à une époque tellement voisine de son échéance, qu'elle ne peut arriver au lieu où elle doit être protestée, sans l'emploi d'un courier extraordinaire, le cessionnaire de la lettre conserve-t-il son recours contre le cédant, s'il a pris la voie ordinaire de la poste, encore que le protêt soit tardif?

Oui, s'il apparaît qu'il n'a pas voulu prendre sur lui ni les frais d'un courier extraordinaire, ni les chances d'un protêt tardif, et que le cédant n'a pas exigé l'emploi de cette mesure dispendieuse ( *Nîmes. Sirey*, t. 10, p. 223 ). — Oui, à plus forte raison s'il y avait impossibilité de faire le protêt ( *Question de Droit*, 2ᵉ édition, vᵒ *Protêt*, § 7, arrêt de *Cassation*). — Non, s'il apparaît que le cédant a averti le cessionnaire de l'urgence, et a entendu lui laisser la chance d'un protêt tardif ( *Nîmes. Sirey*, t. 10, p. 224). Cet arrêt est confirmé ( *Cassation. Sirey*, t. 10, p. 323).

Est nul le protêt fait le même jour de l'échéance. ( *Agen. Sirey*, t. 24, p. 363.)

# ARTICLE IV.

## DU DROIT FACULTATIF EN CAS DE RETRAITE.

Le porteur qui prend la voie de la retraite, au lieu de notifier le protêt et de faire citer en jugement le tireur et les endosseurs, encourt-il la déchéance prononcée par l'art. 160? ou bien son action est-elle seulement suspendue jusqu'au refus de paiement de la retraite?

Le porteur n'est point excepté de la règle que les art. 165 et 168 établissent en laissant au porteur la faculté d'user de la retraite; mais ce porteur n'est point dans l'alternative d'abandonner ou ce moyen ou son action. Il peut poursuivre le garant, quoiqu'il tire sur lui; et même l'art. 185 suppose qu'il le fera toujours.

## ARRÊTS.

1° Lorsqu'une lettre de change est écrite sur papier non timbré, le porteur qui la fait protester peut être poursuivi pour le paiement de l'amende, encore qu'il n'y ait pas apposé sa signature. (*Arrêt de la Cour de Cassation*, *du 5 juin* 1811.)

2° Lorsque le porteur d'une lettre de change non échue demande au tireur un cautionnement provisoire, et l'assigne à cette fin devant le tribunal de son domicile, si le tireur conteste la propriété du porteur, et qu'ainsi l'instance soit engagée devant le tribunal du domicile du tireur sur la propriété de la lettre de change, ce tribunal est seul compétent pour statuer ultérieurement sur l'action en paiement de la lettre de change après qu'elle est échue; en ce cas, la litispendance fait perdre au porteur le droit d'assigner le tireur en paiement au lieu où la lettre de change est stipulée payable. (*Arrêt de la Cour de Cassation*, *du 19 mars* 1812.)

3° Le porteur d'une lettre de change qui, au lieu de la faire protester à l'échéance, promet à l'accepteur de n'en exiger le paiement qu'après l'événement d'une certaine condition, perd tout recours contre le tireur qui en a fait les fonds, encore que la condition paraisse avoir été apposée dans l'intérêt de celui-ci. (*Arrêt de la Cour de Grenoble*, *du 16 janvier* 1816.)

4° La décision des juges d'appel que le porteur d'une lettre de change en est réellement propriétaire, est une décision de fait plus que de droit; en conséquence, telle décision ne peut être cassée, encore qu'il apparaisse que la lettre ne soit dans les mains du porteur que par suite d'un endossement en blanc. (*Arrêt de rejet de la Cour de Cassation*, *du 24 février* 1816.)

5° Lorsque l'accepteur d'une lettre de change soutient que le porteur, quoique saisi par un endossement régulier, n'est cependant que le prête-nom du tireur, et qu'il lui défère le serment sur ce fait, le juge peut refuser d'ordonner le serment ou l'interrogatoire du porteur, s'il est convaincu de sa bonne-foi et de la sincérité de l'endossement. (*Arrêt de rejet de la Cour de Cassation*, *du 2 février* 1819.)

6° Le porteur d'un effet protesté doit (à peine de déchéance de tout recours en garantie contre son cédant), non seulement lui notifier son protêt dans la quinzaine, mais encore le faire citer. (*Cassation. Sirey*, t. 12, p. 355.)

7º L'endosseur d'un effet de commerce protesté, qui en fait le remboursement de gré à gré, et sans notification du protêt, est recevable à intenter son
action en garantie, comme s'il n'avait remboursé qu'après notification du
protêt.

Dans l'un comme dans l'autre cas, il lui est accordé pour l'exercice de son
action en recours ou garantie, un délai de quinzaine d'abord, plus une augmentation de délai, à raison de toutes les distances que l'effet retourné a par-
courues, pour être remboursé par chacun des endosseurs ( *Cassation. Sirey,*
t. 13, p. 252 ). Jugé en ce sens ( *Cassation. Sirey,* t. 18, p. 237.)

8º Celui qui par acte séparé, s'est rendu caution solidaire de l'accepteur
d'un effet de commerce, ne peut-être considéré comme donneur d'aval, et
dans le cas où il y aurait eu protêt de l'effet, la dénonciation dans les délais
de la loi ne peut être exigée à l'égard de cette caution, comme à l'égard
d'un endosseur ordinaire. ( *Paris. Sirey,* t. 16. p. 98.)

9º L'endosseur d'un effet de commerce, qui l'a reçu avant la faillite du
tireur, et qui l'a transmis après la faillite, est tenu à la garantie envers son
cessionnaire, bien que le protêt n'ait pas été fait en temps utile, et néanmoins
il est privé de tout recours contre son cédant. — Son cédant peut lui opposer
la déchéance résultant du défaut du protêt; mais il ne peut opposer cette
déchéance à son cessionnaire : il est tenu envers lui, à raison de la non-
existence de la créance, au moment de la cession ( *Cassation. Sirey,* t. 22 ,
p. 137). Jugé en ce sens ( *Cassation. Sirey.* t. 19 , p. 68.)

10º Les donneurs d'aval, cautions du tireur, ne peuvent comme l'endosseur,
exciper du défaut de protêt. ( *Cassation. Sirey,* t. 19 , p. 345.)

11º Une lettre de change non protestée en temps utile ne dégénère pas,
par cela seul, en simple promesse. — Le porteur n'en a pas moins le droit
de poursuivre le tireur devant les tribunaux de commerce et par corps. ( *Cassation. Sirey,* t. 24, p. 186.)

12º La déchéance prononcée contre l'endosseur qui exerce tardivement son
action en recours, peut lui être opposée après avoir défendu au fond ; ce n'est
pas là une nullité de forme proposable seulement *in limine litis,* mais une
nullité fondée sur une prescription, et proposable en tout état de cause.
( *Cassation. Sirey,* t. 19, p. 434.)

13º Lorsque le porteur d'une lettre de change, payable à un autre domicile
que celui du tiré, a négligé de se présenter et de faire le protêt à l'échéance,

il est déchu de tout recours contre le tireur, si celui-ci justifie que le tiré lui devait le montant de la lettre de change au jour de son échéance. — Le tireur n'est point du tout obligé de justifier qu'il y ait eu provision au domicile du tiers indiqué pour le paiement (*Cassation. Sirey*, t. 12 , p. 157 ). Jugé en ce sens (*Rouen. Sirey*, t. 13 , p. 257 ).

14° Lorsque le tireur d'une lettre de change poursuivi en garantie après les délais utiles, est obligé de prouver qu'il y avait provision chez le tiré à l'échéance de la lettre de change , la preuve de cette provision doit être faite par écrit et non par témoins, surtout si le tiré a déclaré, lors du protêt, qu'il n'avait pas de provisions (*Bruxelles. Sirey*, t. 14 , p. 146).

15° Faute de protêt, en temps utile, le porteur d'un billet à ordre payable au domicile d'un tiers, est déchu de son recours contre le créeur, si celui-ci justifie qu'il y avait provision à l'échéance chez le tiers. (*Cassation. Sirey*, t. 18 , p. 299.)

16° La faillite du tiré, avant l'échéance, détruit la provision qui existait auparavant; dans ce cas, le porteur conserve son recours contre le tireur, nonobstant la tardiveté du protêt (*Bordeaux. Sirey*, t. 24 , p. 119).

## TITRE DIX-SEPTIÈME.

# Des Protêts.

Art. 173. « Les protêts faute d'acceptation ou de paiement sont faits par deux notaires, ou par un notaire et deux témoins, ou par un huissier et deux témoins.

« Le protêt doit être fait au domicile de celui sur qui la lettre de change était payable, ou à son dernier domicile connu ;

« Au domicile des personnes indiquées par la lettre de change, pour la payer au besoin;

« Au domicile du tiers qui a accepté par intervention, le tout par un seul et même acte.

« En cas de fausse indication de domicile, le protêt est précédé d'un acte de perquisition. »

174. « L'acte de protêt contient :

« La transcription littérale de la lettre de change, de l'acceptation, des endossements et des recommandations qui y sont indiquées;

« La sommation de payer le montant de la lettre de change.

« Il énonce la présence ou l'absence de celui qui doit payer, les motifs du refus de payer, et l'impuissance ou le refus de signer. »

175. « Nul acte de la part du porteur de la lettre de change ne peut suppléer l'acte de protêt, hors le cas prévu par les articles 150 et suivants, touchant la perte de la lettre de change. »

176. « Les notaires et les huissiers sont tenus, à peine de destitution , dépens , dommages-intérêts envers les parties, de laisser copie exacte des protêts, et de les inscrire en entier, jour par jour et par ordre de dates , dans un registre particulier, coté paraphé, et tenu dans les formes prescrites pour les répertoires. »

# ARTICLE PREMIER.

Le protêt est un acte par lequel, faute d'acceptation ou de paiement d'une lettre de change, on déclare que celui sur qui elle est tirée refuse l'acceptation ou le paiement dans le délai prescrit.

En conséquence, le porteur doit, dans les délais prescrits par l'article 165 , faire signifier au tiré l'acte de protêt.

Il y a trois sortes de protêts :

Le protêt faute d'acceptation,

Le protêt faute de paiement,

Et le protêt par intervention.

# ARTICLE II.

## DU PROTÊT FAUTE D'ACCEPTATION.

Le protêt faute d'acceptation se fait lorsque celui sur qui une lettre de change est tirée, refuse d'accepter pour le compte du tireur; dans ce cas, le porteur peut d'après le titre légal du protêt demander caution à son cédant.

Le refus de visa à un effet, étant assimilé au refus d'acceptation, doit être pareillement constaté par un acte de protêt, afin de lui donner juridiquement une échéance fixe. ( Voyez *Visa*, pag. 36.)

## ARTICLE III.

### DU PROTÊT FAUTE DE PAIEMENT.

Le protêt faute de paiement énonce clairement que l'accepteur d'une lettre de change, ou le souscripteur d'un billet ne peut acquitter son engagement.

## ARTICLE IV.

### DU PROTÊT PAR INTERVENTION.

Le protêt par intervention, c'est lorsqu'un tiers intervient pour l'honneur de la signature du tireur ou d'un des endosseurs d'une lettre de change, soit pour l'acceptation, soit pour le paiement; par ce moyen, le tireur ou l'endosseur n'a pas le désagrément de voir revenir en souffrance l'effet qu'il a négocié; ce qui lui procure le temps de parer au remboursement, sans supporter les frais de retour, et sans porter atteinte à son crédit.

## ARTICLE V.

Outre ces trois désignations de protêts, il existe encore trois sortes d'actes qui se rattachent par leur nature, à ceux précités, savoir :

L'acte de perquisition,
L'acte de protestation,
Et l'acte d'opposition.

# ARTICLE VI.

## DE L'ACTE DE PERQUISITION.

L'acte de perquisition se fait lorsqu'on ne peut découvrir celui, ou le domicile sur lesquels une lettre de change est tirée, ou la demeure d'un souscripteur de billet.

Le premier cas peut être plus fréquent que le second, attendu qu'il peut y avoir de la part du tireur, méprise de nom, ou méprise de ville sur la lettre de change; au lieu qu'un billet ne peut faire éprouver ces entraves, s'il n'existe mauvaise foi de la part du souscripteur. . . . . . . . . . . . . . . .

*Nota.* Pour que cet acte de perquisition soit légal et inattaquable, il faut qu'il porte, que les recherches ont été faites au bureau de la poste aux lettres, à la bourse, et enfin dans les bureaux de la mairie de la ville où l'effet est censé devoir être accepté ou payé. . . . . . . . . . . . . . . . .

Dans les villes où il n'y a point de bourse, l'acte de perquisition doit avoir lieu chez les agents de change ou courtiers titulaires, et à défaut de ces derniers, chez deux commerçants notables de la ville.

# ARTICLE VII.

## DE L'ACTE DE PROTESTATION.

L'acte de protestation se fait pour une lettre de change égarée ou perdue, afin de faire connaître le légitime propriétaire, et empêcher qu'elle ne soit indûment acquittée.

# ARTICLE VIII.

## DE L'ACTE D'OPPOSITION.

L'acte d'opposition au paiement d'une lettre de change ne se fait ordinairement que dans le cas de faillite du porteur afin qu'il ne puisse divertir à son profit les valeurs dont il pourrait être possesseur à l'époque de sa déconfiture.

## ARTICLE IX.

### DES FRAIS DU PROTÊT FAIT PAR NOTAIRE ET PAR HUISSIER.

L'article 65 du Tarif des Frais et Dépens, décreté le 16 février 1807, porte qu'il sera alloué par chaque original de protêt, intervention à protêt, et sommation d'intervenir, assistants et copie compris,

à Paris. . . . . . . . . . . . . . . . . . . . . . 2 fr.

et partout ailleurs. . . . . . . . . . . . . . . 1 fr. 50 c.

Et comme il peut arriver que le nom ou le domicile de celui qui est annoncé devoir faire le paiement de l'effet commerçable ne soit pas connu, et que dans ce cas le protêt doit contenir un procès-verbal de perquisition, le même article pour ce procès-verbal, alloue :

à Paris . . . . . . . . . . . . . . . . . . . . . 5 fr.

et partout ailleurs . . . . . . . . . . . . . . . 4 fr.

L'enregistrement des protêts fait par les notaires ne sont sujet qu'au droit fixe de 1 fr. (*Art.* 68, *n° 30 de la loi du* 22 *frimaire an* 7 — 12 *décembre* 1798); et ceux qui sont faits par les huissiers, au droit fixe de 2 fr. (*Art.* 42, *n° 13, de la loi du* 28 *avril* 1816).

La dénonciation à l'endosseur peut être, sans contravention aux lois sur le timbre, rédigé à la suite du protêt. (*Solution de l'administration du* 22 *octobre* 1807.)

## NOTICE DU COUT DES PROTÊTS.

Dans les différents cas prévus par le Code de Commerce, dressé par la chambre de discipline des huissiers du département de la Seine.

(Dans le coût de ces actes, ne sont pas compris les droits d'enregistrement des titres, ni les transports extérieurs).

PROTÊT D'UN SEUL EFFET A UN SEUL DOMICILE.

Original et copie du protêt . . . . . . . . . . . . . . . . . 2 fr. 00 c.
Papier de l'original et de la copie . . . . . . . . . . . . .      70
Droit de copie de l'effet sur l'original et sur la copie du
    protêt . . . . . . . . . . . . . . . . . . . . . . . . . . . . .      50
Transcription de l'effet sur le registre. . . . . . . . . . .      25
Transcription du protêt sur le registre . . . . . . . . . . .      75
Papier timbré du registre des protêts . . . . . . . . . . .      40
Papier timbré du répertoire des actes . . . . . . . . . . .      05
Enregistrement du protêt. . . . . . . . . . . . . . . . . . 2      20
                                             6 fr. 85 c.

Lorsque le porteur d'un effet de commerce s'est présenté, le jour de l'é-
chéance, au domicile où il doit être payé, et que le lendemain il envoie un
officier ministériel pour faire le protêt, le débiteur qui paie doit acquitter les
frais de transport de cet officier. ( PARDESSUS, *Cours de Droit commercial*,
t. 2, p. 74.)

S'il y a plusieurs personnes indiquées par la lettre de change pour la payer
au besoin, ce qui s'exprime par ces mots, chez tel ou tel, le protêt doit se
faire chez la dernière personne indiquée, mais seulement après qu'on se sera
présenté chez les personnes indiquées précédemment. (PARDESSUS, *Cours de
Droit commercial*, t. 2, p. 506.)

## ARRÊTS.

1° Le protêt d'un billet à ordre payable au domicile d'un tiers, doit, à peine
de nullité, être fait à ce domicile. (*Cassation. Sirey*, t. 19, p. 299.)

2° Lorsqu'un billet à ordre est dit payable au domicile de telle personne,
demeurant à tel lieu, l'indication de paiement porte sur la personne, et non
sur le lieu ; si donc la personne indiquée change de domicile, le protêt est régulièrement fait en son nouveau domicile. (*Cassation. Sirey*, t. 15, p. 9.)

3° L'existence d'un protêt ne peut être admise par les juges d'après de simples présomptions. Il faut des preuves écrites. (*Cassation. Sirey*, t. 15, p. 131.)

4° L'huissier chargé du protêt d'une lettre de change, et qui ne fait qu'un procès-verbal de perquisition, est responsable du défaut de protêt. (*Rouen. Sirey*, t. 12, p. 97.)

5° Est nul le protêt fait le jour même de l'échéance. (*Agen. Sirey*, t. 24, p. 363.)

## TITRE DIX-HUITIÈME.

# Du Rechange.

Art. 177. « Le rechange s'effectue par une retraite. »

178. « La retraite est une nouvelle lettre de change, au moyen de laquelle le porteur se rembourse sur le tireur, ou sur l'un des endosseurs, du principal de la lettre protestée, de ses frais, et du nouveau change qu'il paie. »

179. « Le rechange se règle à l'égard du tireur, par le cours du change du lieu où la lettre de change était payable sur le lieu d'où elle a été tirée.

« Il se règle, à l'égard des endosseurs, par le cours du change du lieu où la lettre de change a été remise ou négociée par eux, sur le lieu où le remboursement s'effectue. »

180. « La retraite est accompagnée d'un compte de retour. »

181. « Le compte de retour comprend :

« Le principal de la lettre de change protestée ;

« Les frais de protêt et autres frais légitimes, tels que commission de banque, courtage et port de lettres.

« Il énonce le nom de celui sur qui la retraite est faite, et le prix du change auquel elle est négociée.

« Il est certifié par un agent de change.

« Dans les lieux où il n'y a pas d'agent de change, il est certifié par deux commerçants.

« Il est accompagné de la lettre de change protestée, du protêt, ou d'une expédition de l'acte de protêt.

« Dans le cas où la retraite est faite sur l'un des endosseurs, elle est accompagnée, en outre, d'un certificat qui constate le cours du change du lieu où la lettre de change était payable, sur le lieu d'où elle a été tirée. »

182. « Il ne peut être fait plusieurs comptes de retour sur une même lettre de change. »

« Ce compte de retour est remboursé d'endosseur à endosseur, respectivement et définitivement par le tireur. »

183. « Les rechanges ne peuvent être cumulés. Chaque endosseur n'en supporte qu'un seul, ainsi que le tireur. »

184. « L'intérêt du principal de la lettre de change protestée faute de paiement, est dû à compter du jour du protêt. »

185. « L'intérêt des frais de protêt, rechange et autres frais légitimes, n'est dû qu'à compter du jour de la demande en justice. »

186. « Il n'est point dû de rechange, si le compte de retour n'est pas accompagné des certificats d'agent de change ou de commerçants, prescrits par l'article 181. »

Le principe sur le rechange était déja émis dans l'ordonnance de 1673 à l'article 5 du tit. VI, portant :

« La lettre de change, même payable au porteur ou à son ordre, étant
« protestée, le rechange ne sera dû par celui qui l'aura tirée que pour le
« lieu où la remise aura été faite, et non pour les autres lieux où elle aura
« été négociée, sauf à se pourvoir, par le porteur contre les endosseurs, pour
« le paiement du rechange des lieux où elle aura été négociée, suivant leur
« ordre. »

Ce même principe a été observé par le Code, sans aucune altération, mais seulement mieux développé par les art. 179, 180, 181, 182 et 183.

## ARTICLE PREMIER.

### DU COMPTE DE RETOUR.

Art. 181. « Le compte de retour comprend :

« Le principal de la lettre de change protestée, les frais de protêt et autres frais légitimes, tels que commission de banque, courtage, timbre et ports de lettres.

16

« Il énonce le nom de celui sur qui la traite est faite, et le prix du change auquel elle est négociée.

« Il est certifié par un agent de change.

« Dans les lieux où il n'y a pas d'agent de change, il est certifié par deux commerçants.

« Il est accompagné de la lettre de change protestée, du protêt, ou d'une expédition de l'acte de protêt.

« Dans le cas où la retraite est faite sur l'un des endosseurs, elle est accompagnée, en outre, d'un certificat qui constate le cours du change du lieu où la lettre de change était payable, sur le lieu d'où elle a été tirée. »

Le compte de retour est un état détaillé et justificatif des sommes dues au porteur de la lettre de change protestée, tant pour le capital de cette lettre et pour les frais qu'elle lui a occasionnés, que pour les dommages-intérêts qui lui sont dûs, à raison de la privation momentanée de ses fonds.

# ARTICLE II.

## DU MODÈLE D'UN COMPTE DE RETOUR

#### POUR UNE LETTRE DE CHANGE ACCEPTÉE ET PROTESTÉE FAUTE DE PAIEMENT.

*Compte de retour à une lettre de change acceptée et protestée faute de paiement. Traite de QUATRE MILLE FRANCS, de Bernard et Cᵉ de Paris, du 15 juillet 1829, à 90 jours de date, sur Pascal et Moullet à Marseille, à l'ordre de Ternaux frères, Vᵉ Franc, Dubourguet et Cᵉ, et enfin à notre ordre.*

| | | |
|---|---|---|
| *Capital échu le 13 octobre.* | 4000 *fr.* | » *c.* |
| *Protêt faute de paiement.* | 7 | 5o |
| *Commission 1/2 p. 100* | 20 | » |
| *Timbre du présent et de la retraite* | 4 | 55 |
| *Courtage et certificat 1/4 p. 100.* | 10 | » |
| *Ports de lettres.* | 1 | 8o |
| | 4043 *fr.* | 85 *c.* |
| *Perte à la retraite 1 p. 100.* | 4o | 84 |
| | 4084 *fr.* | 69 *c.* |

*De laquelle somme de QUATRE MILLE QUATRE - VINGT-QUATRE FRANCS SOIXANTE - NEUF CENTIMES, nous nous remboursons sur nos cédants Messieurs Dubourguet et Cᵉ à Strasbourg, en notre traite de ce jour et à vue, à l'ordre de Monsieur Balzac, auquel nous l'avons négociée à un pour cent de perte.*

*Marseille, le 14 octobre 1829.*      ROUCHON *père et fils.*

*Je soussigné, agent de change près la bourse de Marseille, certifie avoir négocié à Monsieur Balzac, de cette ville, la retraite à vue sur Strasbourg ci-dessus énoncée à un pour cent de perte.*

*Je certifie en outre, en conformité de l'article 181 du Code de Commerce, que le change du papier à vue sur Paris est aujourd'hui à demi pour cent de perte.*

*Marseille, le 14 octobre 1829.*      KŒTINGER.

## OBSERVATIONS.

1º Ce dernier paragraphe du certificat de l'agent de change n'est de rigueur que lorsque la retraite est faite sur l'un des endosseurs (Art. 181).

2º La prime pour le courtage et le certificat est de 1/4 p. º/₀ à Paris, de 2 p. ºº/₀₀ à Lyon, et ainsi de suite, suivant l'usage des autres places.

3º Dans les lieux où il n'y a pas d'agent de change, il est certifié par deux commerçants (Art. 181).

### MODÈLE DU CERTIFICAT DE COMMERÇANTS.

*Nous soussignés, négociants patentés de cette ville, à défaut d'agent de change titulaire, certifions que le cours du papier sur Strasbourg, à vue, est à un pour cent de perte, et qu'en outre celui du papier sur Paris est à demi pour cent de perte. En foi de quoi nous avons signé le présent pour servir ce que de raison.*

    *A*            *le*            *1829.*

Quoique la loi ne fasse pas mention de la légalisation de la signature des négociants, il ne s'en suit pas qu'on ne doive faire remplir cette formalité, attendu qu'elle donne au certificat une plus grande authenticité, et qu'en outre elle peut souvent paralyser la trop grande facilité de certaines personnes, inhabiles d'ailleurs à délivrer ces sortes de certificats.

*Nota.* La signature du maire suffit pour une pareille légalisation.

### DE L'INTERVENTION.

Lorsqu'un tiers intervient pour le paiement d'une lettre de change, il doit en faire mention dans l'intitulé du compte de retour.

### EXEMPLE :

*Compte de retour à une lettre de change acceptée et protestée faute de paiement par les tirés. Traite d'Audibert et Cᵉ, de Paris, de CINQ MILLE FRANCS, du 20 août, à trois usances, sur Bergeron cousins, de Bordeaux, à l'ordre de Germain, de Paris, pour qui nous sommes intervenus, etc.*

# ARTICLE III.

## DU MODÈLE D'UN COMPTE DE RETOUR

### POUR UN BILLET A ORDRE SUR PAPIER LIBRE PROTESTÉ FAUTE DE PAIEMENT.

---

*Compte de retour à un billet à ordre, protesté faute de paiement, souscrit par Thibaud, de Bordeaux, le 3o septembre 1829, de TROIS MILLE FRANCS payable le 25 décembre 1829, à l'ordre de Vernet cousins, Puech et C<sup>e</sup>, et à moi.*

| | | |
|---|---:|---:|
| *Capital échu le 25 décembre* . . . . . . . . . . . . . . . . | 3ooo *fr.* | » *c.* |
| *Protêt et enregistrement du billet* . . . . . . . . . . . | 191 | 10 |
| *Commission 1/2 p. 100.* . . . . . . . . . . . . . . . . | 15 | » |
| *Timbre du présent et de la retraite* . . . . . . . . . . | 5 | 85 |
| *Courtage et certificat 2 p. 1000* . . . . . . . . . . . | 6 | » |
| *Port de lettres* . . . . . . . . . . . . . . . . . . . . | 1 | 65 |

3217 *fr.* 6o *c.*

*Perte à la retraite 3/4 p. 100.*   24   31

3241 *fr.* 91 *c.*

*De laquelle somme de TROIS MILLE DEUX CENT QUARANTE-UN FRANCS NONANTE-ET-UN CENTIMES, je me rembourse sur mes cédants Messieurs Puech et C<sup>e</sup> à Rouen, en ma traite de ce jour et à vue, à l'ordre de Domey père et fils, auxquels je l'ai négociée à trois quarts pour cent de perte.*

*Bordeaux, le 27 décembre 1829.*   PORTAL.

NOTA. Suit le certificat de l'agent de change, ou, à défaut, celui de deux négociants, comme au modèle précédent.

---

*Nota.* Le paiement par intervention d'un billet à ordre ne change rien à l'intitulé d'un compte de retour ; on ajoute simplement à la fin le nom de celui pour qui l'on est intervenu.

*Détail des frais d'enregistrement pour un billet à ordre, sur papier libre,
de 3,000 fr.*

| | |
|---|---|
| Le visa pour timbre. . . . . . . . . . . . . . . . . . . . | 2 fr. 10 c. |
| L'amende, le vingtième de la somme. . . . . . . . . . . . | 150 » |
| Droit d'enregistrement, 50 c. par °/₀. . . . . . . . . . . | 15 » |
| Le décime sur 165 fr. . . . . . . . . . . . . . . . . . . | 16 50 |

183 fr. 60 c.

Protêt . . . . . . . . . . . . . . . . . . . . . . . . . . . 7 50

Total porté au compte de retour ci-contre. . . . . . . . 191 fr. 10 c.

( Voir l'article *du Timbre.*)

## ARTICLE IV.

### DU CALCUL DE LA RETRAITE.

Cette opération se réduit à une simple règle de trois.

Ainsi, pour connaître le montant d'une retraite pris sur le total d'un compte de retour s'élevant à fr. 3217,60 et négocié à 3/4 p. °/₀ de perte, il faut opérer suivant la règle du rabais, c'est-à-dire prendre l'escompte en dedans de la manière suivante :

$$\text{Si } 99, 1/4 : 100 :: 3217,60$$

Le résultat de la multiplication et de la division sera de f. 3241,91, à laquelle somme se portera ladite retraire.

La réduction ou l'augmentation du premier terme de la règle de trois s'établira toujours suivant la variation de la perte à la négociation.

Cette méthode, la seule usitée chez les banquiers, ne peut éprouver aucun changement sans faire opérer une différence dans le calcul.

En voici la preuve : Puisqu'en ajoutant à fr. 3217,60 la perte de négociation à 3/4 p. °/₀, le total ne s'élevera qu'à fr. 3241,73 au lieu de 3241,91 ; ce qui produit une différence de 18 centimes provenant de ce que, d'après ce calcul, on n'a pu prendre la perte sur ladite perte de 3/4 p. °/₀.

# ARTICLE V.

## DES CAS QUI OBLIGENT OU QUI DISPENSENT DE FAIRE UN COMPTE DE RETOUR.

La voie du compte de retour est celle qui offre le plus d'avantages au porteur d'un effet non payé qui veut, sans ménagement, se rembourser sur son cédant; et se récupérer pareillement de la privation momentanée de ses fonds.

Ce mode de remboursement est aussi usité chez les banquiers: il fait une partie lucrative de leurs opérations.

Suivant les circonstances, ils en retirent tout l'avantage, ou ils en font jouir leurs correspondants en leur abandonnant le droit de commission et la perte à la retraite, en les débitants seulement du montant du capital, des frais de protêt, courtage et certificat, ainsi que des frais de timbre qu'ils ont réellement déboursés.

Enfin, ce mode de remboursement ne se pratique guère parmi les commerçants, qui ne pensent qu'à rentrer dans leurs fonds, sans songer à bénéficier sur un compte de retour, et qui, par la crainte d'occasioner peut-être des frais infructueux à leurs correspondants, se contentent de retourner l'effet non payé, accompagné seulement d'un acte de protêt.

# ARTICLE VI.

## DE LA FACULTÉ DU COMPTE DE RETOUR A L'UN DES ENDOSSEURS.

Si le porteur d'un effet non payé renonce à l'avantage du compte de retour, est-il loisible et facultatif à l'un des endosseurs subséquents de l'établir pour effectuer son remboursement?

Nul doute à cet égard, s'il se base sur l'art. 181, et qu'il ne s'écarte pas des principes émis par les articles 182 et 183.

# ARTICLE VII.

## DE LA CONTESTATION SUR LES FRAIS DE PORTS DE LETTRES.

Lorsque le porteur d'un effet non payé s'abstient de faire un compte de retour, et qu'il se contente seulement du remboursement du capital, ainsi que des frais de protêt et de port de lettres; le cédant peut-il se refuser au remboursement de ces derniers frais de port de lettres?

Cet article a été très souvent un point de contestation, qui néanmoins ne devrait pas l'être d'après l'art. 181, qui autorise à les comprendre dans les frais du compte de retour.

En vain on alléguera qu'il n'existe point de compte de retour, et que par conséquent on ne les doit pas; ce refus démontre tout au moins l'injustice d'un être peu délicat, puisqu'il ne peut ignorer qu'on pouvait le constituer en des frais beaucoup plus considérables, et peut-être beaucoup moins légitimes.

En sera-t-il de même à l'égard des endosseurs subséquents, et chaque signataire à son tour aura-t-il le droit de réclamer à son cédant de nouveaux frais de port de lettres?

Non, d'après l'art. 183, qui défend les rechanges cumulés; en conséquence, ce remboursement peut-être refusé, quoique très légitime encore.

# ARTICLE VIII.

## DES FRAIS DE RETOUR LORSQU'ILS SONT A LA CHARGE DU TIREUR.

Les frais de retour d'une traite protestée faute de paiement, doivent rester à la charge du tireur, si les sommes dues ne proviennent point d'une cause commerciale. (*Sirey*, t. 19, p. 178, et *Delvincourt*, 1819, p. 96.)

Le sieur Michel était débiteur du sieur Delacroix; les sommes dues ne provenaient point d'une cause commerciale. Delacroix tire une lettre de change sur Michel, pour le montant de sa créance, celui-ci ne paie pas, la lettre de change est protestée, une discussion s'engage entre les parties, pour savoir par qui doivent être supportés les frais de retour.

Le 24 mars 1817, arrêt de la Cour royale de Paris, qui met ces frais à la charge du tireur, le sieur Delacroix.

Pourvoi en cassation, pour violation des art. 116, 159 et 178 du Code de Commerce, en ce que l'arrêt dénoncé fesait supporter par le tireur les frais de la traite protestée faute de paiement, bien qu'il fût reconnu en fait, qu'à l'époque de la traite, le sieur Michel était débiteur de la somme tirée.

### *Arrêt du 16 avril 1818.*

La Cour, attendu, en ce qui touche la disposition de l'arrêt relative aux frais de retour d'une traite protestée, qu'il ne s'agissait point de matière commerciale, mais d'une contestation purement civile, ce qui justifie le rejet de cet article de retour, — Rejette, etc.

## ARTICLE IX.

### DE LA RETRAITE.

La retraite est une nouvelle lettre de change, au moyen de laquelle le porteur se rembourse sur le tireur, ou sur l'un des endosseurs, du principal de la lettre protestée, de ses frais, et du nouveau change qu'il paie. ( *Voyez Compte de retour*, p. 121. )

Si celui sur qui on doit se rembourser inspire au porteur quelques craintes d'insolvabilité, ou même d'inexactitude à faire les retours de l'effet non payé, il faut dès lors qu'il renonce à lui envoyer directement ses titres de créance, et qu'il prenne la voie intermédiaire d'un correspondant, ou celle de la négociation, pour rentrer plus promptement dans ses fonds; moyen qui lui conserve tous ses droits contre les autres coobligés de l'effet.

Les comptes de retour, ainsi que les retraites, ont toujours été pour les cambistes un objet assez lucratif; aussi ont-ils soin d'employer ces formes légales pour les remboursements.

Néanmoins, il n'en est pas de même parmi la classe commerçante, qui ne

pense qu'à rentrer dans ses fonds, sans songer à bénéficier sur l'agiotage des
retours, et qui se contente seulement du remboursement du capital, ainsi que
des frais de protêt et de port de lettres.

Ce désintéressement provient sans doute de la privation de documents, plutôt que d'un manque d'intelligence.

MODÈLE DE RETRAITE.

---

Retraite.  *Marseille, le 14 octobre 1829.*  **B. P. F. 4084,69**

*A vue payez par cette retraite, à l'ordre de Monsieur Balzac, la
somme de QUATRE MILLE QUATRE-VINGT-QUATRE
FRANCS SOIXANTE - NEUF CENTIMES, valeur reçue
comptant, que passerez suivant notre avis, en remboursement de votre
remise de 4000 fr. sur Marseille, au 13 octobre courant, non payée,
à laquelle sont annexés un protêt et un compte de retour en due
forme. Toutes ces pièces vous seront remises sur l'acquit de la présente.*  ROUCHON *père et fils.*

*A Messieurs*
*DUBOURGUET et Cᶜ,*
*à STRASBOURG.*

---

Voir le *Compte de retour*, p. 121.

OBSERVATIONS.

La rédaction ci-dessus annonce assez clairement que le tiré de la retraite
ne doit l'acquitter sans la remise immédiate des titres originaux ;

Car dans le cas contraire, et payant simplement sur l'acquit de la retraite,
il ne se trouve pas dûment libéré envers le porteur, qui pourrait par mauvaise
foi, d'après les titres primitifs, faire réclamer par un tiers un second paiement.

La retraite étant d'une nature différente de celle de la lettre de change,
doit être par conséquent rédigée d'après le modèle de la retraite, sauf néanmoins

les changements dans la stipulation que nécessiteront la rédaction et le contenu de l'effet impayé; ainsi, toute autre formule sera indûment mise en usage.

## COMMENTAIRES.

On ne fait guère usage maintenant de la retraite, on se borne simplement à faire accompagner l'effet non payé de l'acte de protêt et du compte de retour; mais cette coutume, qui n'est pas légale, peut occasioner des contestations, et présenter des difficultés, que l'on doit prévenir en fesant usage de la retraite.

D'après ce principe, celui qui doit y faire honneur ne pourra contester le paiement du droit du timbre de la retraite porté sur le compte de retour, puisqu'il ne devrait pas exister sans la retraite, mais que néanmoins on porte toujours par vieille habitude.

Enfin, l'obstacle qui ne peut être surmonté, c'est qu'une traite non payée et accompagnée de son compte de retour, sans retraite, ne peut être transmissible d'endosseurs à endosseurs par la voie légale de l'endossement, puisque ces titres sont invalides, et qu'une simple cession manuelle ne saurait les valider.

## ARTICLE X.

### DU MÉCANISME DU RECHANGE.

L'art. 179 concernant le rechange, mérite par son sujet d'être commenté et approfondi, afin de mieux en sentir le mécanisme, qui ne peut être cumulatif.

DÉMONSTRATION SUR LA TRAITE SUIVANTE.

Derrière de l'effet ,
ou côté des endossements.

> Première. *Paris, le* 1ᵉʳ *juin* 1829. **B. P. F. 3000.**
>
> *A quatre-vingt-dix jours de date ; payez par cette première de change, à l'ordre de Monsieur Benoît, la somme de TROIS MILLE FRANCS, valeur reçue comptant, que passerez suivant l'avis de*
>
> JEAN.
>
> *A Monsieur BLAISE,*
>   *à LYON.*

*Payez à l'ordre de Monsieur Marie, valeur en compte. Paris, le 10 juillet 1829.* BENOÎT.

*Payez à l'ordre de Monsieur Joanis, valeur en compte. Nîmes, le 30 juillet 1829.* MARIE.

Cette traite prouve que Jean, de Paris, tire
  sur Blaise, de Lyon,
      à l'ordre
de Benoît, de Paris, lequel en fait remise
  à Marie, de Nîmes, qui, à son tour, l'envoie
  à Joanis, de Lyon, lieu du paiement.

Joanis, de Lyon, dernier endosseur, n'étant pas payé, fait protester la traite, et se rembourse à vue sur Marie, de Nîmes, son cédant direct, en sa retraite négociée à 1/2 pour 100 de perte.

Marie, de Nîmes, à son tour, fournit une nouvelle retraite encore à vue, sur Benoît, de Paris, pareillement son cédant, qu'il négocie à 3/4 pour 100 de perte.

Benoît, de Paris, premier porteur, paiera la retraite fournie sur lui par Marie, de Nîmes; cette retraite sera d'une somme plus forte que celle qui a été tirée par Joanis, de Lyon, attendu qu'elle a été négociée à 3/4 pour 100 lorsque la première ne l'a été qu'à 1/2 pour 100;

Et enfin, Jean, de Paris, tireur, ne sera tenu de rembourser à Benoît, premier endosseur, que les articles suivants :

1° Le capital de la traite protestée ;

2° Les frais du compte de retour ;

3° 1/2 pour 100 seulement pour la perte du papier de Lyon sur Paris; ce qui est juste, parce que le tireur doit être étranger aux diverses négociations qui ont porté sa signature sur des places où la lettre de change n'était pas payable. (Art. 179.)

Cette perte, ainsi que les précédentes, doivent toujours être constatées par un agent de change, ou par deux commerçants, suivant l'art. 181.

Voici la vraie théorie pratique du rechange:

### ARRÊTS.

1° Lorsqu'une lettre de change est indiquée payable dans un lieu où les rechanges peuvent être cumulés, l'endosseur est tenu de supporter plusieurs rechanges, encore que l'endossement ait eu lieu en France, où la loi prohibe le cumul des rechanges. (*Gênes. Sirey*, t. 13, p. 23.)

2° Les intérêts moratoires ne courent point du jour de l'échéance, mais seulement du jour du protêt. (*Cassation. Sirey,* t. 18, p. 268). Toutefois, il faut entendre protêt à défaut de paiement, et non protêt à défaut d'acceptation. (*Cassation. Sirey*, t. 15, p. 131.)

3° La solde d'un compte courant est productive d'intérêt, comme la créance originaire. (*Paris. Sirey*, t. 12, p. 403).

## TITRE DIX-NEUVIÈME.

# De la Prescription.

Art. 189. « Toutes actions relatives aux lettres de change, et à ceux des billets à ordre souscrits par des négociants, marchands ou banquiers, ou pour faits de commerce, se prescrivent par cinq ans, à compter du jour du protêt, ou de la dernière poursuite juridique, s'il n'y a eu condamnation, ou si la dette n'a été reconnue par acte séparé.

« Néanmoins les prétendus débiteurs seront tenus, s'ils en sont requis, d'affirmer sous serment, qu'ils ne sont plus redevables; et leurs veuves, héritiers ou ayant-cause, qu'ils estiment de bonne foi qu'il n'est plus rien dû. »

Art. 155. « L'engagement de la caution , mentionné dans les art. 151 et 152 , est éteint après trois ans , si , pendant ce temps , il n'y a eu ni demande ni poursuite juridique. »

Art. 2262 du Code Civil. « Toutes les actions , tant réelles que personnelles, sont prescrites par trente ans , sans que celui qui allègue cette prescription soit obligé d'en rapporter un titre , ou qu'on puisse lui opposer l'exception déduite de la mauvaise foi. »

2260. C. C. « La prescription se compte par jours, et non par heures. »

2261. C. C. « Elle est acquise, lorsque le dernier jour du terme est accompli. »

## ARTICLE PREMIER.

### DÉFINITION DE LA PRESCRIPTION.

La prescription est un moyen d'acquérir ou de se libérer par un certain laps de temps, et sous les conditions déterminées par la loi. ( Art. 2219 du Code Civil.)

#### DE LA PRESCRIPTION DES LETTRES DE CHANGE ET BILLETS A ORDRE.

Il résulte des dispositions de l'article 189 :

Que la prescription est acquise après le délai de *cinq ans* , à dater du lendemain de l'échéance de l'effet, s'il n'y a eu ni protêt ni autres poursuites juridiques, ou s'il n'y a pas eu reconnaissance de la dette par acte séparé ;

Et si, pendant ces cinq ans, la prescription a été interrompue par un protêt ou autres poursuites juridiques, elle recommencera alors son cours quinquennal, à dater, soit du jour où le protêt a été fait, soit du jour de la dernière poursuite.

#### DE LA PRESCRIPTION DU CAUTIONNEMENT.

Il résulte encore des dispositions de l'art. 155 ;

Que la prescription est acquise après le délai de *trois ans*, pour l'engagement de la caution mentionné dans les art. 151 et 152, si pendant ce temps il n'y a eu ni demande ni poursuite juridique.

## DE LA PRESCRIPTION TRENTENAIRE.

Il résulte enfin des dispositions de l'article 2262 du Code Civil;

Que la prescription est acquise après le délai de *trente ans*, pour tous billets à ordre, billets simples et simples promesses, souscrits par des non-commerçants, et qui n'ont point pour objets des actes de commerce, si néanmoins pendant ce temps il n'y a eu ni demande ni poursuite juridique.

En résultat, pour bien connaître les causes qui confèrent à un acte l'action trentenaire, il suffit de se reporter aux art. 632, 633, 636 et 637 du Code, dont l'esprit est qu'il ne faut considérer comme effets de commerce que ceux qui le deviennent à raison, soit de la qualité des personnes, soit de la nature de la dette.

## ARRÊTS.

1° La prescription de cinq ans dans le cas de l'art. 189, commence à courir le lendemain de l'échéance, peu importe qu'il y ait ou non protêt. Cette opinion de MM. Pardessus et Locré est conforme à la jurisprudence. (*Cassation. Sirey*, t. 18, p. 254., et *Sirey*, t. 17, p. 30.)

2° La prescription de cinq ans établie par l'art. 189, n'étant qu'une présomption de paiement, le débiteur peut être condamné s'il y a preuve écrite et certaine de non-paiement (*Cassation. Sirey*, t. 15, p. 131). — A plus forte raison, si le créancier a été mis dans l'impossibilité de réclamer son paiement par le dol et la fraude du débiteur (*Cassation. Sirey*, t. 19, p. 141). Jugé en ce sens (*Cassation. Sirey*, t. 22, p. 57). — Mais de simples présomptions de non-paiement ne suffisent pas pour écarter la prescription. (*Cassation. Sirey*, t. 15, p. 149). Jugé en ce sens (*Cassation. Sirey*, t. 18, p. 289).

3° La prescription n'a pas lieu, si la dette est reconnue par acte séparé, cet acte fût-il même antérieur à l'effet de commerce sujet à prescription. (*Cassation. Sirey*, t. 19, p. 408.)

4° La prescription ne commence à courir contre une lettre de change payable à vue, que du jour du protêt qui en constate la présentation. (*Nîmes. Sirey*, t. 19, p. 294.)

5° La simple suspension de paiement du failli n'interrompt pas la prescription établie par l'art. 189. (*Paris. Sirey*, t. 15, p. 123.)

6° La prescription de cinq ans ne peut être invoquée contre une demande formée entre commerçants, par laquelle l'un réclame de l'autre ce qui lui est dû par suite de leurs opérations commerciales, quoique ces opérations aient cessé depuis plus de cinq ans. (*Rouen. Sirey*, t. 18, p. 68.)

## TITRE VINGTIÈME.

# De la Reconnaissance,

## DE LA DÉCLARATION, DE LA QUITTANCE, DU REÇU ET DU BON.

### ARTICLE PREMIER.

On se sert assez habituellement, et sans faire de distinction, de six expressions synonymes pour réclamer un titre de créance, sans employer celles de lettre de change, de mandat, et de billet à ordre usitées dans le commerce.

*Billet simple,* qui signifie je paierai ;

*Simple promesse,* je promets payer.

*Reconnaissance,* je reconnais avoir reçu.

*Déclaration,* je déclare avoir reçu, ou devoir, ou restituer à première réclamation ( mais ce titre est plutôt applicable à la garantie).

*Engagement,* je m'engage à payer.

*Obligation,* je m'oblige à payer.

Malgré cette nomenclature, l'usage ne fait admettre dans le commerce que les quatre titres suivants.

Le billet simple,
La simple promesse,
La reconnaissance,
Et la déclaration.

Quant aux deux autres titres, ceux de l'engagement et de l'obligation ; ils concernent plus particulièrement les capitalistes, surtout le dernier qui peut leur assurer immédiatement la garantie hypothécaire, s'ils la réclament.

## ARTICLE II.

### DE LA RECONNAISSANCE.

Ce titre qui est analogue à celui de *reçu*, ne peut néanmoins être classé de la même manière, quoiqu'au fond le résultat en soit le même ; mais on doit établir plusieurs nuances, afin de faire mieux sentir la valeur des expressions, et pour ne pas cumuler les différentes opérations sous la dénomination d'un seul et même titre.

Ainsi l'on observera que la reconnaissance n'est applicable qu'à une chose reçue, dont on est simplement et momentanément détenteur, pour la restituer à première réquisition, ou à temps préfixe ; tandis qu'il n'en est pas de même pour le reçu, qui dénote réception d'une chose qui doit être portée en ligne de -compte, et par conséquent non restituable. (Voir *du Reçu*, pag. 138.)

MODÈLE D'UNE RECONNAISSANCE.

*Je reconnais avoir reçu à titre de dépôt, de Monsieur Darcourt, la somme de TROIS MILLE FRANCS, que je m'engage à lui restituer à sa première réquisition. — Paris, 10 juin 1829.*

*BERTHAUD.*

B. P. F. 3000.

*Nota.* Suivant la nature du dépôt et des conventions, suivra la rédaction.

18

# ARTICLE III.

## DE LA DÉCLARATION.

Ce titre par sa nature diffère du précédent, en ce qu'il ne détermine pas une obligation fixe, mais bien une garantie qu'on accorde pour sûreté de paiement, ou pour défaut de diligence. (Voyez *Endossement*, pag. 77.)

# ARTICLE IV.

## DE LA QUITTANCE.

La quittance est un titre par lequel un créancier reconnait avoir reçu, tout ou partie de ce qui lui était dû, et en tient quitte son débiteur.

Cette expression, qui est synonyme de celle de *reçu*, ne s'emploie ordinairement que par les propriétaires, les capitalistes, ou par ceux attachés à l'administration financière, et elle remplace celle de *reçu* usitée dans le commerce; par conséquent la stipulation en étant la même, il n'y a aucune observation à faire sur la rédaction de ce titre, puisqu'il rentre dans la classe des reçus. (Voyez *Reçu*, ci-dessous.)

# ARTICLE V.

## DU REÇU.

On compte deux sortes de reçus, savoir :

Le reçu simple,

Et le reçu pour compte.

### DU REÇU SIMPLE POUR A COMPTE.

Le *reçu simple* est celui qu'on fait à un débiteur qui remet un acompte, ou qui se libère de ce qu'il doit.

Exemple :

---

*J'ai reçu de Monsieur Giraud la somme de TROIS CENTS FRANCS, à compte de ce qu'il me doit. — Grenoble, le 25 juin 1829.*

*TEISSERE.*

---

**EXEMPLE DU REÇU SIMPLE POUR SOLDE.**

---

*Nous avons reçu de Messieurs Ismard frères la somme de CINQ CENT CINQUANTE-TROIS FRANCS pour solde de tous nos comptes jusqu'à ce jour. — Avignon, le 30 juin 1829.*

*AILLAUD PASCAL et Cⁱᵉ.*

---

Souvent il arrive que l'acompte ou le solde que l'on donne, est applicable à une facture échue, ou à échoir, ou à une opération terminée ou à terminer; en ce cas, pour ne pas confondre les versements qu'on fait avec les nouvelles et courantes opérations, on stipule sur lesdits reçus,

A compte, ou pour solde de telle facture;

Ou à compte, ou pour solde de telle opération.

De cette manière, ceux qui n'ont pas l'usage des écritures peuvent mieux se reconnaître au réglement final des comptes, en comparant les reçues avec les factures ou avec les comptes.

DU REÇU POUR COMPTE.

Le *reçu pour compte* se fait lorsqu'un négociant charge un tiers de compter à son correspondant une somme qu'il lui doit, ou qu'il a reçue pour son compte : dans ce cas celui qui fait le versement exige un reçu par duplicata, dont il garde un double, et envoie l'autre au négociant pour le compte duquel il est fait.

EXEMPLE.

> *J'ai reçu de Monsieur Menadier la somme de DEUX CENT CIN-*
> *QUANTE FRANCS , dont je crédite le compte de Monsieur Rou-*
> *chon, de Marseille. Fait double pour ne servir que d'un seul. — A*
> *Paris, le 3 mai 1829.* RECAMIER.

# ARTICLE VI.

## DU BON.

On compte deux sortes de bons ;
Le bon au nom de l'intéressé,
Et le bon au porteur.

### DU BON AU NOM DE L'INTÉRESSÉ.

Ce premier bon est un titre réglementaire qu'on remet ordinairement comme argent comptant en contre-valeur d'un prêt d'espèces, d'un produit de négo- ciation, ou d'un achat au comptant, dont on ne peut se libérer que dans quel- ques jours.

Ce titre se fait simplement d'après l'usage, au nom de l'intéressé, qui peut d'après l'autorisation du souscripteur le transmettre en paiement, afin d'éviter une mutation d'argent.

EXEMPLE.

> *Bon pour QUATORZE CENT CINQUANTE FRANCS payables*
> *le 20 courant à Monsieur Coste fils, pour autant reçu en espèces. —*
> *Lyon, le 16 juin 1829.* CHIRAT.
>
> B. P. F. 1450.

Ainsi, suivant la nature des opérations, on changera la stipulation de la valeur qu'on recevra, et l'on pourra encore stipuler : pour produit d'une négociation, ou pour achat de marchandises ; et dans le cas qu'on ne veuille pas préciser l'époque du paiement, on pourra mettre aussi : à vue, ou à présentation.

## DU BON AU PORTEUR.

Le second bon, payable au porteur, est très rare à cause de l'inconvénient que, si on l'égarait, il serait difficile d'en contester la non-propriété à celui qui l'aurait trouvé, comme aussi il serait imprudent de le prendre en paiement d'un effet dont la valeur est assurée par plusieurs signatures. ( Voyez *Mandat au porteur*, pag. 30 ).

### EXEMPLE.

*Bon pour QUATRE MILLE FRANCS payables à vue au porteur. — Paris, le 5 mai 1829.*

ROUGEMONT.

B. P. F. 4000.

# TITRE VINGT-UNIÈME.

# Des Cas inhérents aux Effets de Commerce.

## ARTICLE PREMIER.

### DES EFFETS DE MÊME SOMME ET DE MÊME DATE.

L'usage et plus encore la prévoyance défendent de rédiger deux effets semblables, c'est-à-dire, portant la même date, la même échéance, la même somme, le même ordre, enfin la même rédaction. Cette application est commune aux traites, aux mandats, et aux billets.

Dans ce cas, si l'on remet deux effets à un même preneur, et qu'ils soient semblables, il faut avancer ou reculer la date de l'un des effets, afin qu'il ne puisse arriver un conflit de protêt ou de réclamation en cas de non-paiement, et qu'enfin un seul protêt ne puisse servir à deux fins.

## ARTICLE II.

### DE LA DIFFÉRENCE DE LA SOMME PORTÉE DANS LE CORPS D'UN EFFET, D'AVEC CELLE QUI EST EXPRIMÉE DANS LE BON APPOSÉ AU DESSUS DE LA SIGNATURE.

Art. 1327 du Code Civil. « Lorsque la somme exprimée au corps de l'acte est différente de celle exprimée au bon, l'obligation est présumée n'être que de la somme moindre, lors même que l'acte, ainsi que le bon, sont écrits en entier de la main de celui qui s'est obligé, à moins qu'il ne soit prouvé de quel côté est l'erreur. »

# ARTICLE III.

## DES ENGAGEMENTS DE L'EMPRUNTEUR.

Art. 1904 du Code Civil. « Si l'emprunteur ne rend pas les choses prêtées ou la valeur au terme convenu, il en doit l'intérêt du jour de la demande en justice. »

La loi a entendu par cet article que le créancier dût réclamer le paiement de son titre à l'époque de son échéance, ou que dans le cas d'une prolongation de terme, il le fît renouveler ou qu'il le revêtit de la formalité de la prorogation, dont il a déja été fait mention, page 45.

Cette précaution fait obvier aux inconvénients de la mauvaise foi d'un débiteur, qui pourrait, s'il n'existait qu'une prolongation verbale, se refuser à acquitter les intérêts, qui sont censés courir depuis l'époque fixée pour le paiement jusqu'à l'époque de la citation en justice.

On doit encore, par sûreté, retirer des reçus des sommes payées, tant à compte du capital que des intérêts, ou en faire faire mention sur l'effet même, afin d'être à l'abri de toute dénégation. Cette mention doit toujours avoir lieu au dos de l'effet, afin de parer aux inconvénients qui peuvent résulter du mode contraire.

Il est de règle générale, que c'est toujours au créancier à prévenir son débiteur du paiement qu'il a à faire, et non au débiteur à lui rappeler sa créance.

# ARTICLE IV.

## DE L'USAGE D'UNE SIGNATURE INTERMÉDIAIRE,

### POUR SUPPLÉER A L'OMISSION DE CELLE D'UN CORRESPONDANT.

On entend par cette désignation, que celui qui reçoit un effet d'un débiteur ou d'un correspondant, qui aura omis d'en passer l'ordre, peut faire remplir cette formalité par un tiers, lorsque l'époque de l'échéance de l'effet ne permettra pas de le retourner et de le recevoir pour en exiger le paiement, ou en faire faire le protêt en temps utile, afin de conserver les droits et la garantie du cédant.

Dans tous les cas, cette prévoyance n'est point obligatoire pour celui qui reçoit l'effet, mais elle doit être tolérée, puisque la lettre d'envoi équipolle à une procuration que le droit commercial reconnaît par l'art. 142 (Cassation 13 mars 1803).

Ordinairement on emploie pour cette formalité d'endossement la signature d'un commis; mais si l'effet est à une date qui permette le renvoi, il est plus légal de le retourner pour le faire revêtir de son légitime endossement.

## ARTICLE V.

### DE LA SIGNATURE.

D'après l'esprit de l'art. 1326 du Code Civil, il faut pour la validité des effets consentis par des commerçants, et qui n'auraient pas été écrits en entier de la main des tireurs ou souscripteurs, que la signature de ces derniers, soit précédée d'un bon portant en toutes lettres la somme qui en fait l'objet : par ce moyen l'acte est légal, et prévient toute surcharge.

Cette règle doit s'appliquer plus rigoureusement aux acceptations, parce qu'elles sont de nature à présenter plus de facilité pour les surcharges. (Voyez *Acceptation*, pag. 49).

### EXEMPLES :

| Pour traite , mandat ou billet : | Pour acceptation. |
|---|---|
| *Bon pour deux mille francs.* | *Accepté pour six mille francs.* |
| *COURTOIS et C<sup>e</sup>.* | *LAFITTE et C<sup>e</sup>.* |

### ARRÊTS,

Arrêt de la cour de Paris, du 18 février 1808 : « Encore qu'un billet ne soit pas écrit en entier de la main du débiteur, et qu'il ne contienne pas un bon ou un approuvé, portant en toutes lettres la somme ou la qualité de la chose, les tribunaux peuvent le déclarer valable, s'il résulte des faits et circonstances de la cause que la créance est sincère et véritable. »

Arrêt de la Cour de Bruxelles du 27 juin 1809 : «L'approbation de la somme, en toutes lettres, n'est pas nécessaire de la part de l'individu non-marchand ou artisan, dans un billet qu'il souscrit conjointement avec un individu marchand.»

## TITRE VINGT-DEUXIÈME.

# De l'Apposition de la marque d'une Croix

### pour suppléer au défaut de signature.

Art. 1326 du Code Civil. « Le billet ou la promesse sous seing privé par lequel une seule partie s'engage envers l'autre à lui payer une somme d'argent ou une chose appréciable, doit être écrit en entier de la main de celui qui le souscrit; ou du moins il faut qu'outre sa signature il ait écrit de sa main un bon ou approuvé, portant en toutes lettres la somme ou la quantité de la chose ;

« Excepté dans le cas où l'acte émane de marchands, artisans, laboureurs, vignerons, gens de journée et de service. »

Cette preuve en matière civile est admissible jusqu'à 150 fr. D'après l'article 1341 du Code Civil, « il doit être passé acte devant notaire ou sous signature privée, de toute chose excédant la somme ou valeur de 150 fr., même pour dépôt volontaire, et il n'est reçu aucune preuve par témoin contre et outre le contenu aux actes, ni sur ce qui serait allégué avoir été dit avant, lors ou depuis les actes, encore qu'il s'agisse d'une somme ou valeur moindre de 150 fr. »

Les articles 1116, 1317, 1322, 1715, 1834, 1923, 1985 et 2074, qui sont précédents et subséquents à l'art. 1341 sus-énoncé, doivent encore faciliter le développement des différents cas qui peuvent se présenter.

Autrefois, et sous l'empire de l'ordonnance de 1667, tit. XX, art. 11, pag. 279, cette preuve n'était admissible que jusqu'à 100 fr.

## COMMENTAIRES.

Par un reste d'ancienne habitude, ou par une erreur commune, beaucoup de personnes se contentent de faire apposer, par le débiteur, au bas d'un billet, d'une lettre de change, d'une obligation, ou d'une promesse sous seing privé quelconque, une marque, ou une +, croyant par là remplacer la signature de celui qui s'oblige.

D'autres font ajouter au bas de ce signe, la signature de deux témoins attestant la sincérité du fait qui constitue l'obligation qu'on veut contracter.

On ne cherchera point à démontrer le ridicule d'un pareil procédé. On le sent même d'avance, et il suffirait de remettre sous les yeux du lecteur, *l'article 1326 du Code Civil* déja cité, qui, exigeant que le billet ou promesse sous seing privé, par lequel une partie s'engage envers une autre à payer une somme quelconque, soit écrit de sa main, ou tout au moins quelle y appose un bon ou approuvé, a, à plus forte raison entendu qu'il y eût sa signature, que rien dans cette hypothèse ne peut remplacer :

Ainsi, point de signature, point de billets ou promesse, écrits valables, en cas de dénégation.

Mais la nullité de ce titre imaginaire n'est point le seul vice qu'on ait à signaler : il reste à prouver que son existence entre les mains du créancier peut lui être bien plus funeste que s'il ne l'avait pas.

Et d'abord, il peut arriver que le débiteur meurt sans avoir satisfait à son obligation.

À qui s'adressera le créancier?

Aux représentants légitimes du débiteur?

Mais si celui-ci n'a point pris de précaution avant sa mort pour assurer ce paiement; croit-on que ses successeurs, ignorant ce qui en est de l'objet réclamé; s'en tiendront à une marque insignifiante, ou à une + qu'on attribuerait à leur auteur?

Ce signe serait trop équivoque et ne présenterait aucune analogie, aucune ressemblance, qui pût le faire attribuer à celui qui l'a tracé; tandis que la signature, qui a toujours quelque chose de la main qui l'a écrite, et qui porte d'ailleurs une espèce de caractère qu'on reconnaît bien mieux qu'on ne peut l'exprimer, fait acquérir la conviction certaine de l'identité du fait, qui doit servir de base à la décision des experts en vérification d'écritures.

Ainsi, on a raison de dire que ce prétendu titre pourrait devenir funeste à celui qui en serait porteur, puisque encore il serait possible que le créancier qui n'aurait point été muni de cette sûreté impuissante et chimérique, sur laquelle reposait cependant son espoir, eût agi *exactement* à l'échéance et avec fruit contre son débiteur, si l'obligation n'eût été que verbale.

Alors n'étant pas dans la sécurité trompeuse d'un titre invalide, il aurait sans doute provoqué à l'échéance fixe et convenue, la comparution de son débiteur devant l'autorité compétente; et alors enfin il aurait pu se procurer une preuve qu'un plus long retard rend quelquefois impossible, soit par le décès des témoins, soit par l'oubli des faits sur lesquels est fondée la demande.

Cette preuve en matière civile est admissible jusqu'à 150 fr. d'après l'art. 1341 du Code Civil; tandis qu'autrefois, et sous l'empire de l'ordonnance de 1667, tit. XX, art. 11, pag. 279, elle ne l'était que jusqu'à 100 fr. Il est vrai qu'en matière de commerce elle l'est, quel que soit l'objet ou la valeur réclamée.

Mais objectera-t-on peut-être qu'en fesant signer deux témoins au bas de l'écrit, on suppléera à l'imperfection du titre :

Inutile et dangereuse précaution, puisqu'en agissant ainsi les intérêts du créancier courent plus de danger que si ces témoins n'avaient pas signé.

En effet, il faut supposer le cas où les parties soient en contestation, et que, sur la dénégation du débiteur, le créancier présente son titre; on lui répondra que la déposition orale est seule admissible dans cette circonstance.

Le créancier aménera les témoins signataires aux débats, et alors le débiteur les reprochera, s'opposera à leur audition, et pourra leur dire : « Vous « avez attesté un fait, et signé un écrit qui m'obligerait à faire ou à payer « telle ou telle chose, telle ou telle somme : vous êtes liés par vos signatures; « l'affaire qui nous occupe est en quelque sorte la vôtre; et l'art. 283 du Code « de Procédure civile m'admet à faire rejeter votre témoignage. »

Il n'est pas douteux que le juge ne fît droit à l'exception, et n'écartât les témoins ainsi reprochés.

On voit donc à quel précieux avantage n'a pas renoncé celui qui a fait signer des témoins au bas d'un acte sous seing privé quelconque, pour en attester la véracité, lorsque le souscripteur ne l'a pas signé lui-même; tandis qu'il eût pu les faire entendre et obtenir gain de cause, s'il n'eût pas pris cette précaution illusoire.

Il est inutile de pousser plus loin des observations sur un sujet qui de prime abord ne semble pas digne d'explication; mais l'expérience prouve tous les jours qu'il est des hommes qui par une excessive bonne foi, et peut-être même par un défaut d'usage ou de connaissance, tombent facilement dans le piége qu'il faut tâcher de leur faire éviter.

## TITRE VINGT-TROISIÈME.

# De la Contrainte par Corps.

*( Loi du 17 avril 1832.)*

## TITRE I.

### DISPOSITIONS RELATIVES A LA CONTRAINTE PAR CORPS EN MATIÈRE DE COMMERCE.

Art. 1. « La contrainte par corps sera prononcée, sauf les exceptions et les modifications ci-après, contre toute personne condamnée pour dette commerciale au paiement d'une somme de 200 fr. et au dessus. »

2. « Ne sont point soumis à la contrainte par corps en matière de commerce :

« 1° Les femmes et les filles non légalement réputées marchandes publiques ;

« 2° Les mineurs non commerçants, ou qui ne sont point réputés majeurs pour fait de leur commerce ;

« 3° Les veuves et héritiers des justiciables des tribunaux de commerce assignés devant ces tribunaux en reprise d'instance, ou par action nouvelle, ou en raison de leur qualité. »

3. « Les condamnations prononcées par les tribunaux de commerce contre des individus non négociants, pour signatures apposées, soit à des lettres de change réputées simples promesses aux termes de l'art. 112 du Code de Commerce, soit à des billets à ordre, n'emportent point la contrainte par corps ; à moins que ces signatures et engagements n'aient eu pour cause des opérations de commerce, trafic, change, banque ou courtage. »

4. « La contrainte par corps, en matière de commerce, ne pourra être

prononcée contre les débiteurs qui auront commencé leur soixante-et-dixième année. »

5. « L'emprisonnement pour dette commerciale cessera de plein droit après un an, lorsque le montant de la condamnation principale ne s'élèvera pas à 500 fr.;

« Après deux ans, lorsqu'il ne s'élèvera pas à 1000 fr.;

« Après trois ans, lorsqu'il ne s'élèvera pas à 3000 fr.;

« Après quatre ans, lorsqu'il ne s'élèvera pas à 5000 fr.;

« Après cinq ans, lorsqu'il sera de 5000 fr. et au dessus. »

6. « Il cessera pareillement de plein droit le jour ou le débiteur aura commencé sa soixante-et-dixième année. »

## TITRE II.



### *Contrainte par corps en matière civile ordinaire.*

Art. 7. « Dans tous les cas où la contrainte par corps a lieu en matière civile ordinaire, la durée en sera fixée par le jugement de condamnation; elle sera d'un an au moins, et de dix ans au plus.

« Néanmoins, s'il s'agit de fermages de biens ruraux aux cas prévus par l'art. 2062 du Code Civil, ou de l'exécution des condamnations intervenues dans le cas où la contrainte par corps n'est pas obligée, et où la loi attribue seulement aux juges la faculté de la prononcer, la durée de la contrainte ne sera que d'un an au moins, et de cinq ans au plus. »

## TITRE III.



Art. 14. « Tout jugement qui interviendra au profit d'un français contre un étranger non domicilié en France, emportera la contrainte par corps, à moins que la somme principale de la condamnation ne soit inférieure à 150 fr., sans distinction entre les dettes civiles et les dettes commerciales. »

15. « Avant le jugement de condamnation, mais après déchéance ou l'exigibilité de la dette, le président du tribunal de première instance dans l'arrondissement duquel se trouvera l'étranger non domicilié, pourra, s'il y a de suffisants motifs, ordonner son arrestation provisoire, sur la requête du créancier français.

« Dans ce cas, le créancier sera tenu de se pourvoir en condamnation dans la huitaine de l'arrestation du débiteur, faute de quoi celui-ci pourra demander son élargissement.

« La mise en liberté sera prononcée par ordonnance de référé, sur une assignation donnée au créancier par l'huissier que le président aura commis dans l'ordonnance même qui autorisait l'arrestation, et, à défaut de cet huissier, par tel autre qui sera commis spécialement. »

16. « L'arrestation provisoire n'aura pas lieu ou cessera, si l'étranger justifie qu'il possède sur le territoire français un établissement de commerce ou des immeubles, le tout d'une valeur suffisante pour assurer le paiement de la dette, ou s'il fournit pour caution une personne domiciliée en France, et reconnue solvable. »

17. « La contrainte par corps exercée contre un étranger en vertu de jugement pour dette civile ordinaire, ou pour dette commerciale, cessera de plein droit après deux ans, lorsque le montant de la condamnation principale ne s'élèvera pas à 500 fr. ;

« Après quatre ans, lorsqu'il ne s'élèvera pas à 1000 fr. ;

« Après six ans, lorsqu'il ne s'élèvera pas à 3000 fr. ;

« Après huit ans, lorsqu'il ne s'élèvera pas à 5000 fr. ;

« Après dix ans, lorsqu'il sera de 5000 fr. et au dessus.

« S'il s'agit d'une dette civile pour laquelle un Français serait soumis à la contrainte par corps, les dispositions de l'art. 7 seront applicables aux étrangers, sans que toutefois le minimum de la contrainte puisse être au dessous de deux ans. »

18. « Le débiteur étranger condamné pour dette commerciale jouira du bénéfice des art. 4 et 6 de la présente loi. En conséquence, la contrainte par corps ne sera point prononcée contre lui, ou elle cessera dès qu'il aura commencé sa soixante-et-dixième année.

« Il en sera de même à l'égard de l'étranger condamné pour dette civile, le cas de stellionat excepté.

« La contrainte par corps ne sera pas prononcée contre les étrangères pour dettes civiles, sauf aussi le cas de stellionat, conformément au premier paragraphe de l'art. 2066 du Code Civil, qui leur est déclaré applicable.»

## TITRE IV.

DISPOSITIONS COMMUNES AUX TROIS TITRES PRÉCÉDENTS.

Art. 19. « La contrainte par corps n'est jamais prononcée contre le débiteur au profit,

« 1° De son mari ni de sa femme ;

« 2° De ses ascendants, descendants, frères ou sœurs, ou alliés au même degré.

« Les individus mentionnés dans les deux paragraphes ci-dessus, contre lesquels il serait intervenu des jugements de condamnation par corps, ne pourront être arrêtés en vertu desdits jugements : s'ils sont détenus, leur élargissement aura lieu immédiatement après la promulgation de la présente loi. »

20. « Dans les affaires où les tribunaux civils ou de commerce statuent en dernier ressort, la disposition de leur jugement relative à la contrainte par corps sera sujette à l'appel ; cet appel ne sera pas suspensif. »

21. « Dans aucun cas, la contrainte par corps ne pourra être exécutée contre le mari et contre la femme simultanément pour la même dette. »

22. « Tout huissier, garde du commerce ou exécuteur des mandements de justice, qui, lors de l'arrestation d'un débiteur, se refuserait à le conduire en référé devant le président du tribunal de première instance, aux termes de l'art. 786 du Code de Procédure Civile, sera condamné à 1000 fr. d'amende, sans préjudice des dommages-intérêts. »

23. « Les frais liquidés que le débiteur doit consigner ou payer pour empêcher l'exercice de la contrainte par corps, ou pour obtenir son élargissement, conformément aux art. 798 et 800, paragraphe 2 du Code de Procédure, ne seront jamais que les frais de l'instance, ceux de l'expédition et de la signification du jugement et de l'arrêt, s'il y a lieu, ceux enfin de l'exécution relative à la contrainte par corps seulement. »

24. « Le débiteur, si la contrainte par corps n'a pas été prononcée pour dette commerciale, obtiendra son élargissement en payant ou consignant le tiers du

principal de la dette et de ses accessoires, et en donnant pour le surplus une caution acceptée par le créancier, ou reçué par le tribunal civil dans le ressort duquel le débiteur sera détenu. »

25. « La caution sera tenue de s'obliger solidairement avec le débiteur à payer, dans un délai qui ne pourra excéder une année, les deux tiers qui resteront dus. »

26. « A l'expiration du délai prescrit par l'article précédent, le créancier, s'il n'est pas intégralement payé, pourra exercer de nouveau la contrainte par corps contre le débiteur principal, sans préjudice de ses droits contre la caution. »

27. « Le débiteur qui aura obtenu son élargissement de plein droit après l'expiration des délais fixés par les art. 5, 7, 13 et 17 de la présente loi, ne pourra plus être détenu ou arrêté pour dettes contractées antérieurement à son arrestation et échues au moment de son élargissement, à moins que ces dettes n'entraînent par leur nature et leur quotité une contrainte plus longue que celle qu'il aura subie, et qui, dans ce dernier cas, lui sera toujours comptée pour la durée de la nouvelle incarcération. »

28. « Un mois après la promulgation de la présente loi, la somme destinée à pourvoir aux aliments des détenus pour dettes devra être consignée d'avance et pour trente jours au moins.

« Les consignations pour plus de trente jours ne vaudront qu'autant qu'elles seront d'une seconde ou de plusieurs périodes de trente jours. »

29. « A compter du même délai d'un mois, la somme destinée aux aliments sera de 30 fr. à Paris, et de 25 fr. dans les autres villes, pour chaque période de trente jours. »

30. « En cas d'élargissement, faute de consignation d'aliments, il suffira que la requête présentée au président du tribunal civil, soit signée par le débiteur détenu et par le gardien de la maison d'arrêt pour dettes, ou même certifiée véritable par le gardien, si le détenu ne sait pas signer.

« Cette requête sera présentée en duplicata : l'ordonnance du président, aussi rendue par duplicata, sera exécutée sur l'une des minutes qui restera entre les mains du gardien; l'autre minute sera déposée au greffe du tribunal, et enregistrée gratis.

31. « Le débiteur élargi faute de consignation d'aliments ne pourra plus être incarcéré pour la même dette. »

32. « Les dispositions du présent titre et celles du Code de Procédure Civile sur l'emprisonnement, auxquelles il n'est dérogé par la présente loi, sont applicables à l'exercice de toute contrainte par corps, soit pour dettes commerciales, soit pour dettes civiles, même pour celles qui sont énoncées à la deuxième section du titre II ci – dessus, et enfin à la contrainte par corps qui est exercée contre les étrangers.

« Néanmoins, pour les cas d'arrestation provisoire, le créancier ne sera pas tenu de se conformer à l'art. 780 du Code de Procédure, qui prescrit une signification et un commandement préalable. »

*Nota.* Pour les dispositions relatives à l'emprisonnement, voyez le tit. XV du Code de Procédure Civile, qui se rattache spécialement à la matière.

FIN DE LA PREMIÈRE PARTIE.

# DEUXIÈME PARTIE.



## TITRE PREMIER.

# Des Commerçants.

Art. 1. « Sont commerçants ceux qui exercent des actes de commerce, et en font leur profession habituelle. »

2. « Tout mineur émancipé, de l'un et de l'autre sexe, âgé de dix-huit ans accomplis, qui voudra profiter de la faculté que lui accorde l'article 487 du Code Civil, de faire le commerce, ne pourra en commencer les opérations ni être réputé majeur quant aux engagements par lui contractés pour faits de commerce, 1° s'il n'a été préalablement autorisé par son père, ou par sa mère en cas de décès, interdiction ou absence du père, ou, à défaut du père et de la mère, par une délibération du conseil de famille homologué par le Tribunal civil ; 2° si en outre l'acte d'autorisation n'a été enregistré et affiché au Tribunal de Commerce du lieu où le débiteur veut établir son domicile. »

3. « La disposition de l'article précédent est applicable aux mineurs même non commerçants, à l'égard de tous les faits qui sont déclarés faits de commerce par les dispositions des art. 632 et 633. »

4. « La femme ne peut être marchande publique sans le consentement de son mari. »

5. « La femme, si elle est marchande publique, peut sans l'autorisation de son mari s'obliger pour ce qui concerne son négoce ; et, audit cas, elle oblige aussi son mari s'il y a communauté entre eux.

« Elle n'est pas réputée marchande publique, si elle ne fait que détailler les marchandises du commerce de son mari ; elle n'est réputée telle que lorsqu'elle fait un commerce séparé. »

6. « Les mineurs marchands, autorisés comme il est dit ci-dessus, peuvent engager et hypothéquer leurs immeubles.

« Ils peuvent même les aliéner, mais en suivant les formalités prescrites par les art. 457 et suivants du Code Civil. »

7. « Les femmes marchandes publiques peuvent également engager, hypothéquer et aliéner leurs immeubles.

« Toutefois leurs biens stipulés dotaux, quand elles sont mariées sous le régime dotal, ne peuvent être hypothéqués ni aliénés que dans les cas déterminés et avec les formes réglées par le Code Civil. »

## ARTICLE PREMIER.

### DE L'ANCIENNE PRÉROGATIVE EN FAVEUR DES COMMERÇANTS.

Jacques Savary des Bruslons (dans son *Dictionnaire universel du Commerce*, tome 1er, p. 1043, et tome 2, p. 1546) reconnaît une différence entre le commerce en gros et le commerce en détail, dans le but d'établir une distinction de qualité entre l'un et l'autre. D'après cet auteur, on entend par *commerce en gros* celui qui consiste seulement dans la vente des marchandises en caisses, en balles, ou du moins en pièces entières, commerce qui a une espèce de noblesse que n'a pas le détail ; aussi y a-t-il bien des états où les nobles l'exercent, excepté en France.

Les souverains, depuis des temps reculés, ayant reconnu que le commerce fesant la prospérité et le bonheur des peuples, et que son influence, en enrichissant les états, affermissait leur puissance, ont voulu donner aux commerçants en gros (première classe industrielle de la société) une marque de leur protection en les anoblissant.

Louis XIII, par son ordonnance du mois de janvier 1625, et par celle du mois de mars 1638, permet aux marchands en gros de prendre la qualité de nobles ; et Louis XIV, son fils et son successeur, par celle qu'il rendit au mois d'août 1669, les déclare capables, sans quitter le commerce, d'être revêtus des charges de secrétaire du roi, qui confèrent la noblesse à ceux qui les possèdent actuellement, ou qui les ont possédées depuis vingt années, avec droit d'hérédité pour toute leur ligne directe.

Ce Privilége fut maintenu par Louis XV et par Louis XVI.

## TITRE DEUXIÈME.

# Du Prêt à Intérêt.

Le Code de Commerce, ainsi que le Code Civil, n'ayant pas fixé l'intérêt conventionnel ni l'intérêt légal, la loi du 3 septembre 1807 y a suppléé par les articles suivants :

Art. 1. « L'intérêt conventionnel ne pourra excéder, en matière civile, 5 pour 100, ni en matière de commerce, 6 pour 100, le tout sans retenue. »

2. « L'intérêt légal sera, en matière civile, de 5 pour 100, et en matière de commerce, de 6 pour 100, aussi sans retenue. »

3. « Lorsqu'il sera prouvé que le prêt conventionnel a été fait à un taux excédant celui qui est fixé par l'art. 1, le prêteur sera condamné par le tribunal saisi de la contestation, à restituer cet excédant s'il l'a reçu, ou à souffrir la réduction sur le principal de la créance, et pourra même être renvoyé, s'il y a lieu, devant le Tribunal correctionnel pour y être jugé conformément à l'article suivant. »

4. « Tout individu qui sera prévenu de se livrer habituellement à l'usure, sera traduit devant le Tribunal correctionnel; et, en cas de conviction, condamné à une amende qui ne pourra excéder la moitié des capitaux qu'il aura prêtés à usure.

« S'il résulte de la procédure qu'il y a eu escroquerie de la part du prêteur, il sera condamné, outre l'amende ci-dessus, à un emprisonnement qui ne pourra excéder deux ans. »

5. « Il n'est rien innové aux stipulations d'intérêts par contrats ou autres actes faits jusqu'au jour de la publication de la présente loi. »

Ce dernier article a rapport aux lettres de change dont les pertes de négociations se fixent suivant la rareté ou l'abondance du numéraire, ou d'après les besoins de valeurs.

## TITRE TROISIÈME.

# Des Sociétés.

### DÉFINITION DE LA SOCIÉTÉ.

La *société* est un contrat par lequel deux ou plusieurs personnes conviennent de mettre quelque chose en commun, dans la vue de partager le bénéfice qui pourra en résulter. (Code Civil, art. 1832.)

Art. 18. « Le contrat de société se règle par le droit civil, par les lois particulières au commerce, et par les conventions des parties. »

19. « La loi reconnaît trois espèces de sociétés commerciales :

La société en nom collectif,

La société en commandite,

La société anonyme. »

20. « La *société en nom collectif* est celle que contractent deux personnes ou un plus grand nombre, et qui a pour objet de faire le commerce sous une raison sociale. »

21. « Les noms des associés peuvent seuls faire partie de la raison sociale. »

22. « Les associés en nom collectif indiqués dans l'acte de société, sont solidaires pour tous les engagements de la société, encore qu'un seul des associés ait signé, pourvu que ce soit sous la raison sociale.

23. « La *société en commandite* se contracte entre un ou plusieurs associés responsables et solidaires, et un ou plusieurs associés simples bailleurs de fonds, que l'on nomme commanditaires ou associés en commandite.

« Elle est régie sous un nom social qui doit être nécessairement celui d'un ou plusieurs des associés responsables et solidaires. »

24. « Lorsqu'il y a plusieurs associés solidaires et en nom, soit que tous gèrent ensemble, soit qu'un ou plusieurs gèrent pour tous, la société est à la fois société en nom collectif à leur égard, et société en commandite à l'égard des simples bailleurs de fonds.

25. « Le nom d'un associé commanditaire ne peut faire partie de la raison sociale.

26. « L'associé commanditaire n'est passible des pertes que jusqu'à concurrence des fonds qu'il a mis ou dû mettre dans la société.

27. « L'associé commanditaire ne peut faire aucun acte de gestion, ni être employé pour les affaires de la société, même en vertu de procuration. »

28. « En cas de contravention à la prohibition mentionnée dans l'article précédent, l'associé commanditaire est obligé solidairement avec les associés en nom collectif pour toutes les dettes et engagements de la société.

29. « La *société anonyme* n'existe point sous un nom social; elle n'est désignée par le nom d'aucun des associés. »

30. « Elle est qualifiée par la désignation de l'objet de son entreprise.»

31. « Elle est administrée par des mandataires à temps, révocables, associés ou non associés, salariés ou gratuits. »

32. «Les administrateurs ne sont responsables que de l'exécution du mandat qu'ils ont reçu.

« Ils ne contractent, à raison de leur gestion, aucune obligation personnelle ni solidaire relativement aux engagements de la société.»

33. « Les associés ne sont passibles que de la perte du montant de leur intérêt dans la société. »

34. « Le capital de la société anonyme se divise en actions, et même en coupons d'action d'une valeur égale. »

35. « L'action peut être établie sous la forme d'un titre au porteur.

« Dans ce cas, la cession s'opère par la tradition du titre.»

36. « La propriété des actions peut être établie par une inscription sur les registres de la société.

« Dans ce cas, la cession s'opère par une déclaration de transfert inscrite sur les registres, et signée de celui qui fait le transport, ou d'un fondé de pouvoir. »

37. « La société anonyme ne peut exister qu'avec l'autorisation du gou-

vernement, et avec son approbation pour l'acte qui la constitue ; cette approbation doit être donnée dans la forme prescrite pour les réglements d'administration publique. »

38. « Le capital des sociétés en commandite pourra être aussi divisé en actions, sans aucune autre dérogation aux règles établies pour ce genre de société. »

39. « Les sociétés en nom collectif ou en commandite doivent être constatées par des actes publics ou sous signature privée, en se conformant, dans ce dernier cas, à l'art. 1325 du Code Civil. »

40. « Les sociétés anonymes ne peuvent être formées que par des actes publics. »

41. « Aucune preuve par témoin ne peut être admissible contre et outre le contenu dans les actes de société, ni sur ce qui serait allégué avoir été dit avant l'acte, lors de l'acte ou depuis, encore qu'il s'agisse d'une somme de cent cinquante francs. »

42. « L'extrait des actes de société en nom collectif et en commandite doit être remis, dans la quinzaine de leur date, au greffe du Tribunal de Commerce de l'arrondissement dans lequel est établie la maison de commerce sociale, pour être transcrit sur le registre et affiché pendant trois mois dans la salle des audiences.

« Si la société a plusieurs maisons de commerce situées dans divers arrondissements, la remise, la transcription et l'affiche de cet extrait seront faites au Tribunal de Commerce de chaque arrondissement.

« Ces formalités seront observées à peine de nullité à l'égard des intéressés ; mais le défaut d'aucune d'elles ne pourra être opposé à des tiers par les associés. »

43. « L'extrait doit contenir :

« Les noms, prénoms, qualités et demeures des associés autres que les actionnaires ou commanditaires ;

« La raison de commerce de la société ;

« La désignation de ceux des associés autorisés à gérer, administrer et signer pour la société ;

« Le montant des valeurs fournies ou à fournir par action ou en commandite ;

« L'époque où la société doit commencer, et celle où elle doit finir. »

44. « L'extrait des actes de société est signé, pour les actes publics, par les notaires; et pour les actes sous seing privé, par tous les associés, si la société est en nom collectif, et par les associés solidaires ou gérants, si la société est en commandite, soit qu'elle se divise ou qu'elle ne se divise pas en actions. »

45. « L'acte du gouvernement qui autorise les sociétés anonymes devra être affiché avec l'acte d'association, et pendant le même temps. »

46. « Toute continuation de société, après son terme expiré, sera constatée par une déclaration des coassociés.

« Cette déclaration et tous actes portant dissolution de société avant le terme fixé pour sa durée par l'acte qui l'établit, tout changement ou retraite d'associés, toutes nouvelles stipulations ou clauses, tout changement à la raison de société, sont soumis aux formalités prescrites par les articles 42, 43 et 44.

« En cas d'omission de ces formalités, il y aura lieu à l'application des dispositions pénales de l'article 42, troisième alinéa. »


47. « Indépendamment des trois espèces de société ci-dessus, la loi reconnaît les *associations commerciales en participation.* »

48. « Ces associations sont relatives à une ou plusieurs opérations de commerce; elles ont lieu pour les objets, dans les formes, avec les proportions d'intérêt et aux conditions convenues entre les participants. »

49. « Les associations en participation peuvent être constatées par la représentation des livres, de la correspondance, ou par la preuve testimoniale, si le tribunal juge qu'elle peut être admise. »

50. « Les associations commerciales en participation ne sont pas sujettes aux formalités prescrites pour les autres sociétés. »

# ARTICLE II.

## DU MODÈLE D'UN ACTE DE SOCIÉTÉ EN NOM COLLECTIF.

Au nom de Dieu, ainsi soit-il.

Les soussignés Jean Giraud, Benoît Blatin, et Jacques Pernon, négociants, de Lyon, sont convenus entre eux de contracter une société pour faire en cette ville le commerce de marchandises en commission d'achats et de ventes, sous les clauses et conditions suivantes, et sous la raison de Giraud, Blatin et C<sup>e</sup>; savoir :

### ARTICLE PREMIER.

La présente société est contractée pour le terme de cinq années, qui commenceront le 1<sup>er</sup> janvier dix-huit cent vingt-neuf, et finiront à pareil jour de l'année dix-huit cent trente-quatre.

### ART. II.

Les trois associés auront la signature de la raison sociale, bien entendu qu'il leur est expressément interdit de s'en servir, dans aucun cas et sous quelque prétexte que ce puisse être, pour d'autres affaires que pour celles de la société, sous peine, pour le contrevenant, de *six mille francs* d'amende envers les associés, et d'être à l'instant même expulsé de la société, sans que ces peines puissent être réputées comminatoires, et sans qu'il soit besoin d'avoir recours à aucun acte juridique pour l'exécution du présent article.

### ART. III.

Le fonds capital de cette société sera de *cent trente mille francs*, qui seront fournis, savoir :

F. 30,000 par n/s Giraud  
    30,000 par n/s Blatin } en compte de fonds,  
    30,000 par n/s Pernon  
    20,000 par n/s Giraud  
    20,000 par n/s Blatin } en comptes courants obligés, et sans intérêt.

    130,000.

Nous disons *cent trente mille francs*, qui doivent être versés le 1<sup>er</sup> janvier; néanmoins, ils se réservent la faculté de n'en compléter le versement que dans le courant des trois mois suivants et sans intérêt.

ART. IV.

Il sera prélevé chaque année une somme de *huit mille quatre cents francs* à titre de levée entre les trois associés, savoir :

    F. 3,000 par n/s Giraud,  
    3,000 par n/s Blatin,  
    2,400 par n/s Pernon.

    8,400 en total; laquelle somme pourra être prélevée par trimestre, et sera portée chaque année au débit de profits et pertes par le crédit des comptes courants libres de chaque associé, et valeur par quart aux quatre trimestres.

ART. V.

Les associés ne pourront, en aucun cas, être débiteurs en compte courants libres; et, dans le cas contraire, l'intérêt leur sera alloué à raison de six pour cent l'an, et leurs comptes réglés tous les six mois.

ART. VI.

Les profits ou les pertes qu'il plaira à Dieu de donner à cette société, seront divisés ou supportés par tiers entre les associés, ou à raison de trente-trois et un tiers pour cent; lesquels profits ou pertes seront, à l'époque de l'inventaire qui se fera chaque année, portés à un compte de profits et pertes annuels pour y rester jusqu'à la liquidation , et être ensuite répartis aux associés ou supportés par eux suivant le mode énoncé ci-dessus.

#### ART. VII.

Les étrangers seront traités convenablement et aux frais de la société.

#### ART. VIII.

La caisse sera tenue par l'un des associés ou par un commis de confiance, et aux périls et risques du commerce.

#### ART. IX.

Le loyer des magasins et comptoirs, frais de voyage, appointements de commis, gages de domestique et autres frais relatifs au commerce de cette société, seront par elles supportés et portés au débit de profits et pertes.

#### ART. X.

Il sera tenu, pour le bon ordre du commerce, tous les livres nécessaires, et les associés auront soin d'y faire exactement coucher toutes les affaires qu'ils feront.

#### ART. XI.

Il sera fait, le 1er janvier de chaque année, un inventaire général des dettes, actives et passives , marchandises et effets en nature pour constater l'état lors actuel du commerce de cette société. L'évaluation des marchandises y sera faite rigoureusement à cinq pour cent au moins au dessous du cours de la place pour comptant. Les copies dudit inventaire seront faites et signées triples ; et s'il arrivait (ce qu'à Dieu ne plaise!) qu'à l'un de ces inventaires le commerce fût en perte d'une somme de *quinze mille francs*, la société serait à l'instant dissoute, et l'on procéderait de suite à la liquidation sans qu'aucun des asso-ciés pût s'y opposer.

ART. XII.

Si la présente société était dissoute avant le terme fixé (article 1<sup>er</sup>), par la retraite volontaire d'un des associés, il paiera à titre de dédommagement une somme de *cinq mille francs* aux autres associés, sauf le cas prévu par l'article XI.

ART. XIII.

A l'expiration de la société, ou dans le cas de sa dissolution avant le terme convenu, la liquidation en sera faite en commun et de concert par les trois associés. Des premiers deniers qui rentreront, on remboursera tous les créanciers de la société, ensuite les comptes courants libres des associés au prorata des sommes dont ils seront créanciers, puis les comptes courants obligés, ensuite les comptes de fonds, et enfin les comptes de profits, aux termes de l'article VI. A la fin de la liquidation, les papiers, livres et documents de la société resteront au pouvoir de celui qui sera chargé de la liquidation, ou de celui dont on conviendra amiablement. Le dépositaire desdits livres et papiers sera tenu d'en aider ses associés, et de les leur communiquer toutes les fois qu'il en sera requis.

ART. XIV.

Six mois avant l'expiration de la présente société, les associés seront tenus de se réunir pour décider si elle sera renouvelée ou dissoute, en exécution de l'article 1<sup>er</sup>.

ART. XV.

En cas de décès de l'un des associés avant l'expiration de la présente société, elle sera dès lors dissoute. Les héritiers du prémourant seront tenus de s'en tenir pour ce qui le regardera dans la société au dernier inventaire signé, sans qu'ils puissent prétendre aux bénéfices ni entrer dans les pertes postérieures audit inventaire. Les survivants alloueront au prémourant ses levées et les intérêts du compte courant libre jusqu'au jour du décès. Ils rembourseront à ses héritiers le montant de son compte courant libre, s'il est créditeur, dans six mois, ainsi que son compte courant obligé s'il en a, et son compte de fonds dans douze mois, le tout avec intérêt à raison de cinq pour cent l'an, et à partir du jour du décès; et enfin la portion des bénéfices du pré-mourant sera payée à ses héritiers quinze mois après le décès et sans intérêt.

### ART. XVI.

Si, pendant la durée de cette société, il survenait des difficultés entre les associés, ils seront obligés, pour les terminer, de nommer des arbitres amis communs, et de s'en rapporter à leur décision, ainsi qu'ils seraient tenus de le faire à un jugement de cour souveraine, à peine contre le contrevenant s'y refusant, d'être obligé de payer à ses associés incontinent et sans délai une somme de *trois mille francs*, sans que ladite peine puisse être réputée comminatoire.

### ART. XVII ET DERNIER.

Le présent acte de société contenant seize articles, non compris celui-ci, a été convenu et arrêté de bon accord entre nous, qui promettons de l'observer de bonne foi, et de point en point, sous les peines y portées, et de concourir de tous nos moyens et de tous nos efforts au succès de nos entreprises, priant Dieu de répandre sa bénédiction sur notre travail. En foi de quoi nous avons fait et signé triple le présent acte, dont un exemplaire reste à chacun de nous.

A Lyon, le 1er janvier 1829.

GIRAUD, BLATIN, PERNON.

(*Nota.* La rédaction de pareils actes est toujours soumise aux conventions des parties: ainsi, l'on peut restreindre ou augmenter le nombre des articles d'après la nature des conditions et des cas particuliers, sans néanmoins changer et intervertir l'ordre de ceux qui servent de base réglementaire.)

# ARTICLE III·

## DU DROIT D'ENREGISTREMENT DE SOCIÉTE.

Les actes de société qui ne portent ni obligation, ni libération, ni transmission de biens meubles ou immeubles entre les associés ou autres personnes, opèrent le droit fixe de 5 fr. (*Art.* 45 *de la loi de* 1816.)

L'acte par lequel un associé transmet, par la mise en commun, des meubles ou des immeubles à la société, ne donnant lieu qu'à une mutation éventuelle, n'est sujet qu'au droit fixe de 5 fr., quelles que soient les clauses et les mises en commun de biens fonds, de mobilier ou d'industrie ; et il n'y a que les dispositions purement personnelles, soit à l'un, soit à quelques-uns des associés stipulant respectivement entre eux, soit à des étrangers intervenants qui puissent donner ouverture au droit proportionnel, si ces dispositions contiennent obligation, libération ou transmission. (*Décision du ministre des finances du* 8 *décembre* 1807.)

Les actes d'adhésion à une société déja établie, forment entre les anciens associés et celui qui s'unit à eux, en adhérant à leurs statuts, une nouvelle société, sujette, comme la première, au droit fixe de 5 fr. (*Décision du ministre des finances du* 28 *frimaire an* 8 — 19 *décembre* 1799.)

## TITRE QUATRIÈME.

# De la Lettre de Crédit.

On entend par *lettre de crédit* une lettre commerciale que l'on prend chez un négociant pour toucher, suivant ses besoins, les fonds qui peuvent être nécessaires dans les villes qu'on veut parcourir ; aussi cette manière de prendre de l'argent est-elle préférable à celle de porter des effets qui pourraient périmer, si l'on ne pouvait se rendre le jour de l'échéance dans la ville où le paiement doit s'effectuer.

La lettre de crédit doit être présentée par celui au nom duquel elle est faite, et qui seul a le droit de réclamer tout ou partie du crédit qui lui est ouvert; sauf néanmoins qu'il n'y ait contre-ordre de la part de celui qui a crédité, et qui suivant les circonstances a le droit de l'annuller à volonté; ce qui prouve qu'un pareil titre peut souvent devenir illusoire entre les mains de celui en faveur de qui il est fait.

En conséquence, il est de l'intérêt du preneur qui verse ses fonds contre une pareille lettre, de se faire donner un reçu, afin de prouver qu'il est réellement créancier de la somme portée dans la lettre de crédit.

On fait ordinairement précéder la lettre de crédit d'une lettre d'avis, dans laquelle on insère un petit carré de papier sur lequel est apposée la signature du recommandé, qui étant comparée avec celle du reçu, prouve leur identité et par conséquent que le paiement est légitimement fait à qui de droit.

Celui qui reçoit doit faire un reçu par duplicata; le payeur en garde un, et envoie l'autre à son correspondant.

## OBSERVATION.

Une lettre de crédit donnée à un négociant, sur un autre négociant, peut-être considérée comme un aval anticipé des effets commerciaux qui seront souscrits ultérieurement par le crédité..... encore que le donneur de la lettre de crédit ne soit pas négociant, et encore qu'il n'ait pas déclaré vouloir que son aval s'étende à tous les billets à ordre, ou à toute lettre de change (*Bourges. Sirey*, t. 24, p. 172.)

Suit ci-derrière le modèle d'une lettre de crédit et du reçu.

MODÈLE D'UNE LETTRE DE CRÉDIT.

*Paris, le 12 octobre 1829.*

*Messieurs*
LOUIS PONS *et* C<sup>e</sup>,
*à* LYON.

La présente, Messieurs, vous sera remise par Monsieur Tournachon qui se rend dans votre ville pour affaires relatives à son commerce. Il aura peut-être besoin de TROIS à QUATRE MILLE FRANCS ; vous nous obligerez de lui compter jusqu'à concurrence de cette somme les fonds qu'il pourra réclamer contre ses reçus par duplicata, dont vous voudrez bien nous envoyer un double.

Connaissant trop votre obligeance, nous nous dispensons de la solliciter en faveur de notre recommandé, nous bornant à vous remercier d'avance de l'accueil favorable que vous lui ferez.

Nous vous envoyons par ce courrier sa signature originale, pour éviter toute surprise.

Recevez l'itératif hommage de notre sincère amitié.

PERRIER *frères.*

MODÈLE DU REÇU.

J'ai reçu de Messieurs Louis Pons et C<sup>e</sup>, la somme de DEUX MILLE CINQ CENTS FRANCS, à valoir sur la lettre de crédit qui m'a été remise sur lesdits, par Messieurs Perrier frères, de Paris. Fait double pour ne servir que d'un seul.

*Lyon, le 5 novembre 1829.* TOURNACHON.

## TITRE CINQUIÈME.

# De la Procuration.

Anciennement les notaires étaient spécialement chargés de la rédaction des procurations.

Maintenant la majeure partie des négociants les rédigent, soit pour plus de célérité, soit parce qu'on a reconnu qu'il est inutile de se constituer en frais dans une affaire ordinairement malheureuse.

L'acte notarié, ainsi que l'acte stipulé par un négociant, est juridiquement valable, l'un comme l'autre, pourvu que ce dernier soit revêtu de la légalisation du maire, afin que la signature du mandant ne soit pas méconnue.

On compte deux sortes de Procurations, savoir :

à pouvoirs limités,

et à pouvoirs illimités.

MODÈLE D'UNE PROCURATION SOUS SEING-PRIVÉ, A POUVOIRS LIMITÉS.

*Je soussigné, Pierre Aillaud, négociant et dûment patenté à Rouen, département de la Seine-Inférieure, y demeurant rue Saint-Nicolas, n° 49, donne pouvoir à Monsieur César Jordan, demeurant à Lyon, rue Pizay, n° 36, de, pour moi et en mon nom, me représenter à la faillite du sieur Plaindoux, mon débiteur de la somme de deux mille quatre cents francs ; en conséquence, requérir toutes oppositions, reconnaissances et levées de scellés ; procéder à tous inventaires et récolements ; faire en procédant tous dire, réquisitions et réserves ; concourir à la formation de la liste de présentation des candidats pour le syndicat provisoire ; faire révoquer, s'il y a lieu, les syndics nommés ; faire vérifier ma créance, en affirmer la sincérité comme je l'affirme par ce présent pouvoir ; vérifier admettre ou rejeter tous titres produits par les autres créanciers, en constater la validité ; se faire rendre compte de ladite faillite, prendre part à toutes les délibérations des créanciers, consentir toutes remises, accor-*

*der termes et délais; traiter, transiger, composer; à cet effet signer tous actes, tous concordats, ou arrangements particuliers, s'y opposer même par les voies extraordinaires; former tous contrats d'union à la majorité, nommer tous les syndics définitifs, caissier et gérants, les révoquer s'il y a lieu, et en nommer d'autres; remettre ou retirer tous titres ou pièces; toucher tout dividende, en donner quittance; passer et signer tous actes, élire domicile, changer les élections, substituer, et généralement faire ce qui sera nécessaire, quoique non prévu en ces présentes, approuvant et ratifiant d'avance, comme bien et dûment consentis, tous les actes qui auront été faits par ledit César Jordan, mon mandataire, en vertu et dans les limites du présent pouvoir.* Bon pour pouvoir.

Rouen, le 10 mai 1829.

PIERRE AILLAUD.

*Pour la légalisation de la signature de Monsieur Pierre Aillaud.*

*Rouen, le 10 mai 1829.*

*Le maire de la ville de Rouen.*

Si le corps de l'acte n'est pas écrit de la main du signataire, il doit mettre au dessus de sa signature : *Bon pour pouvoir*, et la date.

MODÈLE D'UNE PROCURATION SOUS SEING-PRIVÉ A POUVOIRS ILLIMITÉS.

La différence dans la rédaction de la procuration à pouvoirs illimités, avec celle à pouvoirs limités n'existe simplement que dans les mots, *même à pertes de finances*, qui doivent être placés immédiatement après les trois suivants, contenus au milieu de l'acte des pouvoirs limités, savoir, *traiter, transiger, composer, même à pertes de finances,* et ainsi de suite pour la fin de la rédaction.

Maintenant, on doit faire observer aux rédacteurs de procuration qu'ils ne sont point assujétis à suivre ponctuellement une pareille rédaction notariée, attendu que cette rédaction n'acquiert pas plus de force en justice que celle qui se fait en termes succincts et usités dans le commerce; par conséquent la procuration peut être plus concise, d'après le modèle ci-après :

MODÈLE DE PROCURATION EN STYLE COMMERCIAL.

*Je soussigné, Pierre Aillaud, négociant à Rouen, nomme et constitue mon fondé de pouvoirs Monsieur César Jordan, aussi négociant à Lyon, pour me représenter dans la faillite du sieur Plaindoux, mon débiteur de la somme de deux mille quatre cents francs, selon les pièces justificatives annexées à la présente, et pour remplir auprès de l'agent provisoire, ainsi qu'auprès des syndics provisoires ou définitifs, toutes les formalités que les circonstances peuvent exiger ; l'autorisant en outre, à traiter et transiger, même à perte de finances, à recevoir et à donner quittance ; enfin à faire comme si j'étais présent ; approuvant et ratifiant d'avance tout ce qui sera fait de nécessaire pour mes intérêts, quoique non prévu par la présente procuration.*

*Rouen, le 10 mai 1829.*

*PIERRE AILLAUD.*

*Nota.* Le signataire doit mettre de sa main : *Bon pour pouvoir*, et la date, lorsqu'il n'a pas écrit la procuration.

Comme tous les cas qui nécessitent une procuration ne sont pas de même genre que celui des faillites, puisqu'il peut s'agir de faire aplanir des difficultés, de faire opérer des redressements de compte, de faire retirer des marchandises, de faire vendre ou acheter, et enfin de faire effectuer des recouvrements, alors on rédigera le mandat d'après la nature de l'objet.

FIN DE LA DEUXIÈME PARTIE.

# TROISIÈME PARTIE.

## TITRE PREMIER.

## De l'Origine de la Tenue des Livres.

Presque tous les auteurs conviennent que ce sont les Italiens, et particulièrement ceux de Venise, Gênes et Florence, qui ont appris aux autres nations la manière de tenir les livres en parties doubles. Cette opinion est confirmée par Jacques Savary des Bruslons, dans son *Dictionnaire de Commerce*, tom. 2, pag. 1027.

## TITRE DEUXIÈME.

## Des Nombres fixes.

On entend par *nombres fixes* les diviseurs communs qui servent à trouver les intérêts pour escompter diverses sommes, et pour régler les comptes courants.

L'année ordinaire se compose de 365 jours; et l'année commerciale, pour l'usage des nombres fixes, ne se compte que pour 360 jours, parce que la divisibilité de ce nombre par beaucoup d'autres, présente dans les opérations des simplifications dont l'utilité, par rapport au temps qu'elles font gagner, dédommage des différences qui en résultent, et qui se trouvent réciproquement compensées dans les affaires.

Pour trouver les diviseurs communs, il faut multiplier 360, nombre des jours composant l'année commerciale, par 100, et diviser le produit (36000) par le taux de l'intérêt annuel; le quotient sera le diviseur relatif à ce taux.

EXEMPLE:

*A 6 pour 100 l'an.*

|  |  | diviseur : 6 pour 100 par an. |
|---|---|---|
|  | 360 jours |  |
| à multiplier par | 100 | *Réponse* : 6000, nombre fixe de 6 p. 100 |
| dividende | 36000 | par an, soit 1/2 pour 100 par mois. |
|  | 0000. |  |

Et ainsi de suite pour tous les intérêts.

100 francs multipliés par 360 jours, sont au taux de l'intérêt comme la somme qui doit porter intérêt, multipliée par le nombre des jours pendant lesquels elle a été prêtée, est à l'intérêt que l'on cherche.

Soit supposée une somme de 5000 fr. prêtée pour 200 jours à raison de 6 pour 100, on écrira :

$$100 \times 360 : 6 :: 5000 \times 200 : x.$$

Pour l'opération du calcul des intérêts, on multipliera les sommes dont on aura à prendre les intérêts par le nombre des jours qu'elles auront à courir; on divisera ensuite le produit de cette multiplication par le diviseur commun relatif au taux de l'intérêt, et le résultat du quotient donnera l'intérêt.

EXEMPLE :

Escompter 5000 fr. pour 200 jours à raison de 6 pour 100 l'an :

|  |  |  |
|---|---|---|
| Capital..... fr. 5000 |  |  |
| à multiplier par | 200 jours |  |
| dividende | 1,000/000 | diviseur 6/000 |
|  | 40 |  |
|  | 40 | intérêts, fr. 166,66, résultat du |
|  | 40 | quotient. |
|  | 40 |  |
|  | 4. |  |

S'il y a des zéros dans les deux facteurs d'une division, pour abréger l'opération, où peut supprimer le nombre de zéros dans le dividende et le diviseur, sans que cette suppression change rien à la valeur du quotient, comme on le voit par l'exemple ci-dessus.

Pour prouver la justesse de cette opération, on peut en faire la preuve par la règle de trois, seule méthode usitée avant la connaissance des nombres fixes, mais qui maintenant n'est plus pratiquée, à cause de la longueur du calcul.

PREUVE.

Prendre l'intérêt de 200 jours sur fr. 5000, à raison de 6 pour 100 l'an.

Capital...... fr. 5000
à multiplier par          6 pour 100 pour connaître l'intérêt de l'année.
                  ————
                  300|00.

Résultat : fr. 300 par an. Par conséquent, on doit poser la règle comme il suit :

Diviseur : Si 36|0 jours : 300 :: 200

                              300
                         ————
Quotient : fr. 166,66 intérêts     6000|0 ... dividende
                              240
                              240
                              2400
                              240
                              24.

# TABLEAU

## DES DIVISEURS RELATIFS A DIVERS TAUX D'INTÉRÊTS.

| TAUX DE L'INTÉRÊT | | MULTIPLICATEUR DE FACTEURS. | DIVISEURS RELATIFS. |
|---|---|---|---|
| PAR AN. | PAR MOIS. | | |
| à 1 p. 100. | à 1/12 | . . . . . . . . . | 36000 |
| 1 1/4 | 5/48 | . . . . . . . . . | 28800 |
| 1 1/2 | 1/8 | . . . . . . . . . | 24000 |
| 1 3/4 | 7/48 | 7 | 144000 |
| 2 » | 1/6 | . . . . . . . . . | 18000 |
| 2 1/4 | 9/48 | . . . . . . . . . | 16000 |
| 2 1/2 | 5/24 | . . . . . . . . . | 14400 |
| 2 3/4 | 11/48 | 11 | 144000 |
| 3 » | 1/4 | . . . . . . . . . | 12000 |
| 3 1/4 | 13/48 | 13 | 144000 |
| 3 1/2 | 7/24 | 7 | 72000 |
| 3 3/4 | 15/48 | . . . . . . . . . | 9600 |
| 4 » | 1/3 | . . . . . . . . . | 9000 |
| 4 1/4 | 17/48 | 17 | 144000 |
| 4 1/2 | 3/8 | . . . . . . . . . | 8000 |
| 4 3/4 | 19/48 | 19 | 144000 |
| 5 » | 5/12 | . . . . . . . . . | 7200 |
| 5 1/4 | 21/48 | 7 | 48000 |
| 5 1/2 | 11/24 | 11 | 72000 |
| 5 3/4 | 23/48 | 23 | 144000 |
| 6 » | 1/2 | . . . . . . . . . | 6000 |
| 6 1/4 | 25/48 | . . . . . . . . . | 5760 |
| 6 1/2 | 13/24 | 13 | 72000 |
| 6 3/4 | 23/48 | 3 | 16000 |

| TAUX DE L'INTÉRÊT | | MULTIPLICATEUR DE FACTEURS. | DIVISEURS RELATIFS. |
|---|---|---|---|
| PAR AN. | PAR MOIS. | | |
| à 7 p. 100. | à 7\|12 | 7 | 36000 |
| 7 1\|4 | 29\|48 | 29 | 144000 |
| 7 1\|2 | 5\|8 | . . . . . . . . . | 4800 |
| 7 3\|4 | 31\|48 | 31 | 144000 |
| 8 » | 2\|3 | . . . . . . . . . | 4500 |
| 8 1\|4 | 33\|48 | 11 | 48000 |
| 8 1\|2 | 17\|24 | 17 | 72000 |
| 8 3\|4 | 35\|48 | 7 | 28800 |
| 9 » | 3\|4 | . . . . . . . . . | 4000 |
| 9 1\|4 | 37\|48 | 37 | 144000 |
| 9 1\|2 | 19\|24 | 19 | 72000 |
| 9 3\|4 | 39\|48 | 13 | 48000 |
| 10 » | 5\|6 | . . . . . . . . . | 3600 |
| 10 1\|4 | 41\|48 | 41 | 144000 |
| 10 1\|2 | 7\|8 | 7 | 21000 |
| 10 3\|4 | 43\|48 | 43 | 144000 |
| 11 » | 11\|12 | 11 | 36000 |
| 11 1\|4 | 15\|16 | . . . . . . . . . | 3200 |
| 11 1\|2 | 23\|24 | 23 | 72000 |
| 11 3\|4 | 47\|48 | 47 | 144000 |
| 12 » | 1 p. 100. | . . . . . . . . . | 3000 |

Comme on le voit par ce tableau, tous les diviseurs relatifs ne sont pas des nombres entiers; par exemple, celui à 3/4 pour 100 est $\frac{144000}{7}$, parce qu'en divisant 36000 par 1 3/4 pour 100, ou 144000 par 7, on ne peut avoir un quotient exact. Ainsi, dans tous les cas pareils, après avoir multiplié le capital par le nombre de jours, il faut de plus multiplier ce produit par le dénominateur du diviseur relatif, et diviser ce dernier produit par le numérateur de ce même diviseur relatif; opération applicable aux divers taux d'intérêt qui ne présenteraient pas un diviseur exact comme 1,1/2 pour 100, qui donne juste le diviseur de 24000.

Exemple :

```
                 360 jours        diviseur à 1,3/4 par an
à multiplier par      100                   4      pour réduire en 1/4
                   ______                  ___
                    36000                   7
pour réduire en 1/4    4
                   ______
                   144000
```

Pour prendre l'intérêt de 300 jours sur fr. 4000, à raison de 1,3/4 pour 100 par an,

```
        on multiplie  fr. 4000
          par             300 jours
                      _________
                      1200000
        ensuite par         7
                      _________
        total         8400/000     qu'on divise par 144/000
                      1200          Réponse : 58,33
                      4800
                       480
                        48.
```

Pour rendre cette démonstration complète, il faut observer que lorsque le dénominateur du diviseur relatif, ainsi que le diviseur, peut être réduit, il faut opérer cette réduction afin d'abréger l'opération de la multiplication, ainsi que celle de la division.

Par exemple : 1,1/4 pour 100 par an donne pour multiplicateur le nombre 5, et pour diviseur celui de 144000. Ainsi, en cherchant la réduction de ces deux nombres, on trouve que c'est le 1/5 qu'il faut prendre; par conséquent, le 1/5 de 5 est 1, et celui de 144000 est de 28800 : opération qui fait supprimer le multiplicateur 5, et qui réduit le dividende de 144000 à 28800 seulement.

Il ne suit pas, d'après cet exemple, que la suppression du multiplicateur ait lieu pour les autres taux d'intérêt, attendu le changement des facteurs ; par conséquent, au taux de 5,1/4 pour 100 l'an, on aura pour multiplicateur 21, et pour diviseur 144000, dont le 1/3 réduira seulement ce multiplicateur à 7, et le diviseur à 48000. Enfin, les réductions sont praticables toutes les fois que les deux facteurs présenteront des nombres réductibles sans fractions.

*Nota.* Les facteurs produits par les intérêts annuels de 1 1/4, 5 1/4, 6 1/4, 6 3/4, 8 1/4, 8 3/4 et 10 1/2 pour 100, qui sont portés sur le tableau, sont les seuls qui aient été susceptibles de réduction par 1/3, 1/5, 1/9, et 1/25.

---

### SECONDE MÉTHODE PAR LE SEUL DIVISEUR GÉNÉRAL DE 36000,
#### *pour toute sorte d'intérêts.*

Il est ordinairement reconnu que toutes les règles qui présentent des simplifications doivent généralement être adoptées, puisqu'elles offrent l'avantage d'un calcul plus facile et plus expéditif. Par conséquent, pour trouver l'intérêt d'un capital quelconque pour un certain nombre de jours, et à quelque taux que ce soit, il suffira de multiplier la somme par le nombre des jours qu'elle aura à courir, ensuite le produit de cette multiplication par le taux de l'intérêt, et enfin diviser le produit total par le diviseur 36000, qui est général pour toute sorte d'intérêts.

Exemple :

Pour prendre l'intérêt de 300 jours sur fr. 4000, à raison de 1,3|4 pour 100 par an ,

|  |  |  |
|---|---|---|
| on multiplie | fr. 4000 | |
| par | 300 jours | |
|  | 1200000 | |
| ensuite par l'intérêt | 1,3|4 | |
|  | 1200000 | |
| pour la 1|2 | 600000 | |
| pour le 1|4 | 300000 | |
| Total | 2100|000 | à diviser par 36|000 |
|  | 300 | Résultat : fr. 58,33 |
|  | 1200 | |
|  | 120 | |
|  | 12 | |

Comme on le voit, le résultat de cet exemple coïncide parfaitement avec le premier , puisqu'il donne aussi pour résultat fr. 58,33 ; ce qui prouve que cette méthode est pareillement juste ; d'où il suit qu'en la pratiquant, on peut se passer, pour les opérations, d'avoir recours à un tableau de nombres fixes , sans être même obligé de chercher son diviseur relatif.

Néanmoins, comme il arrive que la plupart des taux les plus usités dans le commerce, comme 3, 4, 5 et 6 pour 100 sont exprimés par des nombres qui donnent des diviseurs simples, c'est-à-dire sans multiplicateur , on peut négliger le diviseur 36000, et se servir de celui que comporte le taux de l'intérêt ; par ce moyen, on n'est point assujéti à faire la multiplication du taux d'intérêt ; ce qui abrége d'autant l'opération du calcul, comme on le verra par le premier exemple, et en se servant des diviseurs exacts de 12000 pour 3 p. 100, de 9000 pour 4 p. 100, de 7200 pour 5 p. 100, et de 6000 pour 6 p. 100, et ainsi de suite.

ANNÉE ORDINAIRE PAR LE SEUL DIVISEUR LÉGAL DE 36500.

L'année ordinaire étant prise pour 365 jours, et l'année commerciale pour 360 jours, on voit que l'erreur que l'on fait dans les opérations relatives au commerce se réduit à la différence qu'il y a entre ces deux nombres, c'est-à-dire à $\frac{5}{360}$ ou $\frac{1}{72}$ pour une année, différence qui varie plus ou moins en raison de la durée du temps. Ainsi, quand il s'agit d'une opération entre personnes qui ne sont pas commerçantes, ou même d'une opération relative aux finances du gouvernement, on se sert du diviseur général de 36500 pour tous les taux d'intérêts quelconques, en opérant d'après la méthode employée pour le diviseur 36000, c'est-à-dire en multipliant le capital par le nombre de jours, ensuite ce produit par le taux de l'intérêt annuel, et enfin en divisant par 36500, seule méthode à pratiquer pour rendre les calculs universels, et pour obtenir des résultats uniformes, exacts et légaux.

Comme pour le diviseur 36500, on pourra encore, par abréviation, se servir des diviseurs exacts, et employer pour 5 p. 100 le diviseur 7300, sans avoir recours à aucune multiplication, parce que ce nombre exact est le quotient de 36500 divisé par 5.

ANNÉE BISSEXTILE PAR LE SEUL DIVISEUR LÉGAL DE 36600,

L'année bissextile se compose de 366 jours ; ce qui a lieu de quatre ans en quatre ans à partir de la quatrième année de chaque siècle. L'opération, pour cette année, est la même que pour l'année ordinaire composée de 365 jours, à l'exception qu'au lieu de diviser par 36500, on divise par 36600 ; mais comme ce diviseur est plus susceptible d'être réduit que celui de 36500, on pourra encore, pour éviter les multiplicateurs, obtenir des diviseurs exacts en divisant 36600 par le taux de l'intérêt, ce qui donnera les diviseurs 12200 pour 3 p. 100, 9150 pour 4 p. 100, 7320 pour 5 p. 100, et 6100 pour 6 p. 100, et ainsi de suite.

DE L'INTÉRÊT CALCULÉ PAR MOIS PAR LE SEUL DIVISEUR 1200.

Les échéances par mois se comptent par quantième, et non par révolution mensuelle ; ainsi, un billet souscrit le 28 février, pour être payé dans six mois, est payable le 28 du sixième mois.

Pour trouver l'intérêt d'un capital quelconque, pour un certain nombre de mois, et à quelque taux que ce soit, il suffira de multiplier la somme par le nombre de mois qu'elle aura à courir, ensuite le produit de cette multiplication par le taux de l'intérêt annuel, et enfin diviser le produit total par 1200. Le résultat de cette opération donnera l'intérêt.

### EXEMPLE.

*Pour prendre l'intérêt de 7 mois sur fr. 2000, à raison de 4,1|2 p. 100.*

```
        Capital......   fr. 2000
à multiplier par les mois       7
                            ─────────
                          14000
   —    par l'intérêt       4,1|2
                            ─────────
                          56000
                           7000
                          ─────────
Total du dividende  630|00    à diviser par 12|00
                       30      intérêt   52,50
                       60
                        0.
```

*Preuve d'après la méthode aliquote.*

```
L'intérêt d'un an sur fr. 2000, à 4,1|2 donne pour 100 : fr. 90
Pour 6 mois la 1/2 . . . . . . . . . . . . . . . . . . . .   45
Pour 1 mois le 1/6 . . . . . . . . . . . . . . . . . . . .  7,50
                                                          ─────────
                                                         fr. 52,50
```

*Nota.* Cette règle étant basée sur le diviseur général de 36000, pour opérer par mois, il faut diviser ce nombre par 30 jours pour obtenir le diviseur de 1200.

# MÉTHODE

### POUR RÉSOUDRE DE SUITE, PAR UNE SIMPLE OPÉRATION, LE CALCUL DES INTÉRÊTS DES INTÉRÊTS.

*A 5 pour 100, taux légal pour le civil.*

| | MULTIPLICATEUR. | | MULTIPLICATEUR. | | MULTIPLICATEUR. |
|---|---|---|---|---|---|
| | 1 an. — 5 | | 6 ans. — 3401 | | 11 ans. — 7103 |
| | 2 ans. — 1025 | | 7 ans. — 4071 | | 12 ans. — 7959 |
| Pour | 3 ans. — 1576 | Pour | 8 ans. — 4774 | Pour | 13 ans. — 8856 |
| | 4 ans. — 2155 | | 9 ans. — 5513 | | 14 ans. — 9799 |
| | 5 ans. — 2763 | | 10 ans. — 6289 | | 15 ans. — 10789 |

### OPÉRATION.

Multiplier le capital qui doit porter intérêt par le nombre correspondant à celui des années sur lequel on doit baser son calcul, et ensuite retrancher les deux derniers chiffres à la droite du produit pour avoir l'intérêt des intérêts.

### EXEMPLE.

*F. 4000 (pour 5 ans), multipliés par 2763, produisent 1105,20|00, soit F. 1105,20 d'intérêt.*

*Nota.* En plaçant une somme quelconque à 5 pour 100 par an, et en laissant cumuler les intérêts des intérêts, au bout de 14 ans et 74 jours le capital se trouve doublé.

*A 6 pour 100, taux légal pour le commerce.*

| | MULTIPLICATEUR. | | MULTIPLICATEUR. | | MULTIPLICATEUR. |
|---|---|---|---|---|---|
| | 1 an. — 6 | | 6 ans. — 4160 | | 11 ans. — 8949 |
| | 2 ans. — 1236 | | 7 ans. — 5010 | | 12 ans. — 10086 |
| Pour | 3 ans. — 1910 | Pour | 8 ans. — 5910 | Pour | 13 ans. — 11291 |
| | 4 ans. — 2625 | | 9 ans. — 6865 | | 14 ans. — 12569 |
| | 5 ans. — 3382 | | 10 ans. — 7877 | | 15 ans. — 13923 |

Même opération que pour 5 pour 100.

EXEMPLE.

*F. 4000 (pour 5 ans), multipliés par 3382, produisent 1352,80/00, soit*
*F. 1352,80 d'intérêt.*

*Nota.* Au bout de 11 ans et 337 jours le capital se trouve doublé.

# TITRE TROISIÈME.

# De l'Échéance commune.

On entend par *échéance commune* une époque à laquelle on peut indifféremment payer ou recevoir la somme de plusieurs valeurs à la fois, lors même que leurs échéances particulières sont différentes entre elles, et qu'elles ne répondent pas à cette époque.

L'opération qui détermine cette échéance commune, outre qu'elle abrége les calculs d'intérêts, procure encore l'avantage d'inscrire ou de passer en un seul article, et sous la même date, plusieurs articles à la fois; ainsi, en simplifiant les calculs, on n'apporte aucun changement dans le résultat des intérêts, parce que l'escompte des valeurs dont les échéances sont antérieures se trouve balancé par les intérêts de celles dont les échéances sont postérieures.

APPLICATION DE LA MÉTHODE.

1° Poser par ordre d'échéances le montant des valeurs ainsi que leurs échéances, les unes sous les autres.

2° Calculer le nombre des jours que les valeurs ont à courir depuis leurs échéances jusqu'à la plus reculée, et poser ce nombre sur la même ligne.

3° Continuer cette opération à chaque somme, excepté à la dernière somme, qui est le point régulateur, et sur la ligne de laquelle on ne ressort que des zéros marqués en plus petits caractères.

4° Multiplier chaque somme par le nombre des jours qui lui appartiennent, porter encore sur la même ligne le produit de la multiplication.

Enfin, toutes ces opérations terminées, il faut diviser la somme de tous les produits par la somme de toutes les valeurs, et le quotient de cette division donne l'échéance commune.

OPÉRATION.

| Valeurs. | Échéances. | Nombre de jours. | Produit de la multiplication. |
|---|---|---|---|
| Fr. 4200 | au 12 janvier | 78 jours | 327600 |
| 2800 | 20 février | 39 jours | 109200 |
| 5300 | 5 mars | 26 jours | 137800 |
| 9700 | 31 mars | 0 | 0 |
| F. 22/000 diviseur. | | | 574/000 dividende. |

134
2.

Quotient: 26 jours tombant au 5 mars.

On fixe l'échéance commune en soustrayant les 26 jours (qui sont le produit du quotient), de la dernière échéance, et en rétrogradant vers la plus courte. Par conséquent, le jour sur lequel la fin du nombre 26 tombe, donne juste l'échéance *du 5 mars*; et les intérêts se comptent comme s'il n'y avait qu'une seule valeur de fr. 22000 au 5 mars.

Ainsi, pour escompter les quatre valeurs ci-dessus, suivant la méthode de l'échéance commune, on commence par chercher combien il y a de jours depuis le 1er janvier, époque du calcul, jusqu'au 5 mars inclusivement; et l'on trouve 64 jours, qu'on multiplie par le total de toutes les valeurs, et le produit de la multiplication se divise ensuite par 6000, nombre fixe de l'intérêt à 6 p. 100 l'an, ce qui produit fr. 234,66 d'escompte, qui, déduits de fr. 22000, donne net fr. 21765,34, valeur comptant au 1er janvier.

Pour prouver que ce résultat est exact, il suffit de s'assurer que les quatre valeurs escomptées séparément, donnent au comptant la même somme de f. 21765,34, que l'échéance commune a produite.

*Exemple pour la méthode des Comptes courants.*

| F. | 4200 | au 12 janvier, | 12 jours | 50400 |
| | 2800 | au 20 février, | 51 jours | 142800 |
| | 5300 | au 5 mars, | 64 jours | 339200 |
| | 9700 | au 31 mars, | 90 jours | 873000 |

F. 22000      1405,400 diviseur 6/000
 234,23, escomptes à déduire.  20 Escomptes, 234, 23.
            25
F. 21765,77 net, valeur comptant 1er janv. 14
           20
           2.

Cet exemple démontre que chaque somme a été multipliée par le nombre de jours fixé par leur date, en partant du 1er janvier, qui est l'époque du calcul, et qu'en suite, en divisant les produits de la multiplication par 6000 nombre fixe de l'intérêt à 6 p. 100 l'an, il résulte fr. 234, 23 pour l'escompte, qui, déduit de fr. 22000, donne net fr. 21765,77, valeur comptant au 1er janvier.

RÉSUMÉ.

L'exemple donne un résultat de fr. 21765, 77
L'opération, celui de. . . . .  21765, 34
      Différence   43

Cette faible différence de 43 centimes, qui se trouve réciproquement compensée dans les affaires, provient de ce qu'on ne peut porter au quotient de l'opération des fractions de jour, et que, par conséquent, on est obligé d'abandonner le reste du dividende. En opérant de la sorte, on abrége les difficultés et les calculs, auxquels on serait entraîné par toute autre méthode.

OBSERVATIONS

*Pour arriver à la plus juste et à la plus simple Approximation du Calcul.*

Lorsqu'on additionnera toutes les valeurs, et que les centimes à la suite du capital présenteront plus de 50 centimes, ils seront comptés pour un entier,

24

et pour rien lorsqu'il y en aura moins : attendu que cela ne peut jamais conduire à des différences sensibles.

De même s'il reste un nombre à la fin du dividende qui présente plus de la moitié de celui du diviseur, on peut porter un jour de plus au quotient, afin de rendre le calcul de l'échéance commune plus juste encore.

## TITRE QUATRIÈME.

# Du Calcul pour Remboursement par Voie de Traite.

Ce calcul s'emploie lorsqu'on veut se rembourser sur un débiteur d'une autre place, ou qu'on y est autorisé, et que les frais de négociation, de timbre et de courtage sont à sa charge.

Ainsi, si l'on veut retirer fr. 4000 net pour un remboursement, et qu'on tire sur Paris à 3/4 p. 100 de perte, il faudra opérer par une règle de trois, en prenant l'escompte en dedans, *savoir :*

| | | |
|---|---|---|
| Si 99,1/4 : 100 :: 4000 | Réponse | fr. 4030 22 |
| | Timbre à la traite. | 3 50 |
| | Courtage, 1 p. 100. | 4 |
| | | fr. 4037 72 |

Le montant de la traite à fournir sera donc de fr. 4037,72 pour retirer net la somme de fr. 4000 ; par conséquent, cette opération est la seule praticable puisqu'en opérant simplement, en ajoutant 3/4 p. 100 à la somme de fr. 4000, on n'aurait que fr. 4030, au lieu de fr. 4030, 22 d'après l'exemple ci-dessus, ce qui produirait une différence de 22 centimes, provenant de ce que les 3/4 p. 100 n'ont pû être pris sur ladite perte de fr. 30 ; ce qui priverait le tireur de rentrer en entier dans son capital.

*Nota.* Suivant le cours du change on diminuera ou l'on augmentera le premier terme de la règle de trois.

## TITRE CINQUIÈME.

# De la Pratique élémentaire des quatre Comptes courants avec Intérêts.

## PREMIER COMPTE COURANT,

### Dont les échéances ne dépassent pas l'époque de la clôture.

DOIT    M. Pons de Lyon, s/c courant chez Delessert et Cᵉ de Paris, réglé 30 avril 1830 à 6 p. o/o, l'an.    AVOIR

| 1829 | | | | | | | 1830 | | | | | | |
|---|---|---|---|---|---|---|---|---|---|---|---|---|---|
| Xbre. | 31 | 3000 | Solde de s/c | 31 décembre. | 120 | 360000 | Fév. | 20 | 2000 | s/R | 25 février | 64 | 128000 |
| 1830 | | | | | | | Mars | 10 | 7000 | Ses Remises | 10 avril | 20 | 140000 |
| Janv. | 1 | 5000 | s/T | 1ᵉʳ avril | 29 | 145000 | | 20 | 5000 | N/T | 30 mars | 31 | 155000 |
| | 20 | 6000 | Id. | 31 mars | 30 | 180000 | | | | Balance des nombres...... | | | 262000 |
| Fév. | 10 | 4000 | Nos remises | 30 avril | | | | | 4103 | 65 | solde à nouveau. | | |
| | | 60 | 55 Comm. 1/2 p. o/o 11000 | | | | | | | | | | |
| | | | 5 Ports de lettres. | | | | | | | | | | |
| | 43 | 65 | Int. N. 262000, div. 6000 | | | | | | | | | | |
| | 18103 | 65 | | | N. | 685000 | | 18103 | 65 | | | N. | 685000 |
| | 4103 | 65 | | | | | | | | | | | |

Débiteur au 30 avril 1830 de quatre mille cent trois francs soixante-cinq centimes, sauf erreurs ou omissions. Paris, 20 avril 1830.    DELESSERT et Cᵉ.

NOTA. Dans la bonne règle, il faut toujours relater au bas d'un compte courant et en toutes lettres la valeur du solde; il faut aussi que la signature de celui qui l'envoie soit apposée, afin de donner au titre une force légale qu'il n'aurait pas sans cette formalité.

Les opérations pour les comptes courants sont les mêmes que pour les calculs d'intérêts et ceux des escomptes; ainsi, lorsqu'on voudra régler un compte, il faudra commencer par chercher le nombre des jours que chaque somme aura à courir depuis l'époque de son échéance jusqu'à l'époque fixée pour le réglement de ce compte, ensuite multiplier chaque somme par son nombre de jours, et ressortir le produit de ces multiplications dans les colonnes latérales des sommes, qu'on nomme colonnes des nombres fictifs.

Ces calculs terminés, on additionnera les deux colonnes des nombres fictifs; et la différence qui existera entre celle du débit et celle du crédit, sera le nombre à calculer d'après les méthodes précitées, pour obtenir l'intérêt convenu. (Voyez *Nombres fixes*, page 172). Ensuite on posera la balance des nombres dans la colonne qui sera la moins forte, on portera aussi dans la colonne des valeurs, opposée à celle de la balance, le produit de l'intérêt, et enfin, lorsqu'on aura additionné d'un côté le débit, et de l'autre le crédit des valeurs, on balancera le compte, et la différence sera le solde à nouveau.

*Nota*. La plupart des banquiers, pour abréger leur calcul et diminuer le nombre des chiffres des colonnes d'intérêts, supprime deux chiffres à droite du produit de chaque multiplication; ainsi, 3000 multipliés par 120, donnent 360000, et l'on ne portera que 3600. La même réduction se fait pareillement au diviseur, qui, au lieu d'être 6000 pour 6 p. 100, sera réduit à 60.

Cette méthode abréviative n'apporte aucun changement au résultat des intérêts, dont l'exemple suit ci-derrière :

# DEUXIÈME COMPTE COURANT,

à l'encre rouge (1),

Lorsque quelques échéances dépassent l'époque de la clôture.

DOIT.  M. Laurent de Marseille s/c courant chez Durand de Paris, réglé 3o juin 183o à 6 p. o/o.  AVOIR

| 1850 | | | | | | |
|---|---|---|---|---|---|---|
| Fév. | 3 | 4500 | m/envoi | 3 mai | 58 | 2610 |
| | 28 | 2400 | id | 28 mai | 33 | 792 |
| Mars | 20 | 1000 | Payé pour s/c | 20 mars | 102 | 1020 |
| Avril | 3o | 3000 | s/т | 29 juillet | *29 | * 870 |
| | | | Nombre rouge du crédit | | | 600 |
| | | | Balance des nombres . . | | | 548 |
| | | 109 13 | solde à nouveau. | | | |
| | | 11009 13 | | N. | | 5570 |

| 1830 | | | | | | |
|---|---|---|---|---|---|---|
| Mars | 10 | 1000 | s/R | 20 mars | 102 | 1020 |
| Avril | 25 | 5000 | Ses/Rem. | 1er mai | 60 | 3000 |
| Mai | 15 | 2000 | s/R | 27 mai | 34 | 68o |
| Juin | 20 | 3000 | s/R | 20 juillet | *20 | *600 |
| | | | Nombre rouge du débit | | | 870 |
| | | 9 13 | Int. Nombre 548. Div. | | 60 | |
| | | 11009 13 | | N. | | 5570 |
| | | 109 13 | créditeur au 3o juin. | | | |

(1) L'astérique * désigne les nombres, en plus gros caractères, qui doivent être portés à l'encre rouge.

Le compte étant réglé au 30 juin, les échéances dépassant cette époque sont calculées comme à l'ordinaire, et écrites, comme les nombres fictifs, avec de l'encre rouge. Ensuite on transportera, dans la colonne du crédit des nombres fictifs, 870 résultat de la multiplication de fr. 3000, qui se trouvent escomptés au 30 juin, et qui n'échéent que le 29 juillet ; c'est donc l'intérêt que Durand doit à Laurent, et qui doit reposer à son crédit. On opérera de la même manière pour les 600 du crédit, qu'on transportera aussi au débit de la colonne des nombres fictifs, par la même raison que Laurent doit à son tour à Durand, l'intérêt de 20 jours, sur fr. 3000.

Toutes ces opérations terminées, on additionnera les nombres des colonnes sans y comprendre ceux qui sont écrits avec de l'encre rouge, parce qu'ils n'y figurent que pour parvenir au résultat de ce compte. La différence qui existera entre les nombres des deux colonnes sera le nombre à calculer et qu'on divisera seulement par 60, attendu que les deux chiffres de la droite du produit des multiplications ont été supprimés. Enfin, quant au règlement final du compte, lorsque les intérêts auront été portés dans la colonne des sommes, c'est-à-dire du côté où les nombres fictifs sont toujours les plus forts, on additionnera le débit et le crédit, et la différence qui en résultera sera le solde à nouveau.

*Nota.* On peut aussi régler les nombres rouges par une seule ligne, en additionnant ceux du débit et du crédit, et en portant la différence dans la colonne des intérêts qui a rapport à la nature du solde ; c'est-à-dire que, si le solde est débiteur du compte, on le portera au crédit de la colonne des intérêts, et, que, s'il est créditeur, on le portera à celle du débit. Cette méthode néanmoins ne doit pas être préférée à celle que j'ai déjà employée, à raison de ce qu'elle est moins synoptique, et plus sujette à faire commettre des erreurs.

## TROISIÈME COMPTE COURANT

*A supputation rétrograde, pour commencer les calculs d'un Compte d'intérêts sans connaître l'époque de la clôture.*

### (Méthode de Vuillemin fils.)

Calculer les jours depuis la première échéance jusqu'à celle de chaque somme capitale; porter dans la colonne des jours le résultat qui sera le multiplicateur de la somme capitale correspondante, et poser le produit dans la colonne des intérêts.

Lorsqu'on a déterminé l'époque de la clôture, additionner d'un côté le débit, et de l'autre le crédit, prendre leur différence, l'écrire hors de la colonne des capitaux, dans la partie du débit s'il est plus faible que le crédit, et dans celle du crédit s'il est plus faible que le débit; multiplier cette différence par le nombre des jours écoulés depuis la première échéance du compte jusqu'à l'époque de la clôture; écrire le produit sur la même ligne, dans la colonne des intérêts.

Faire la balance des intérêts, la poser dans leur colonne; écrire sur la même ligne, dans la colonne des capitaux, le produit de cette balance trouvé d'après le taux de l'intérêt.

Balancer ensuite le compte, et l'on aura le solde à l'époque de la clôture.

## EXEMPLE

D'un Compte réglé au 1er Novembre 1828 à 5 pour 0/0 l'an.

DOIT    AVOIR

| DATES. | VALEURS. | ÉCHÉANCES. | JOURS. | INTÉRÊTS. | DATES. | VALEURS. | ÉCHÉANCES. | JOURS. | INTÉRÊTS. |
|---|---|---|---|---|---|---|---|---|---|
| | 1400 | 13 Août 1828 | 225 | 5150 | | 1500 | Solde 31 Xbre 1827 | | |
| | 1100 | 5 Janv. 1829 | 370 | 4070 | | 1100 | 19 Juin 1828 | 170 | 1870 |
| | 1300 | 7 Octob. 1828 | 280 | 3640 | | 1200 | 25 Janv. 1829 | 390 | 4680 |
| | 1600 | 9 Fév. 1829 | 405 | 6480 | | 1800 | 7 Octob. 1828 | 280 | 5040 |
| | 1300 | 25 Xbre 1828 | 359 | 4667 | | 1400 | 19 Fév. 1829 | 415 | 5810 |
| | 300 | diff. du débit au crédit | 305 | 915 | | | Bal. des nomb. . . . | | 5522 |
| | | | | | | 376 69 | Int. n. 5522 div. 72 | | |
| | 376 69 | solde à nouveau | | | | | | | |
| | 7076 69 | | N. | 22922 | | 7076 69 | | N. | 22922 |
| | | | | | | 376 69 | créditeur au 1er Nov. 1828. | | |

APPLICATION DE LA MÉTHODE AU COMPTE CI-DEVANT.

Pour le premier article du débit, on pose dans la colonne des jours (225), temps écoulé du 31 décembre 1827 (première échéance du compte) au 13 août 1828, échéance de la somme capitale correspondante (1400 fr.); on la multiplie par 225 (nombre des jours), et l'on pose le produit 3150 sur la même ligne, dans la colonne des intérêts. On fait de même pour chaque article du débit et du crédit.

Le 1er novembre 1828 étant fixé pour l'époque de la clôture, on additionne le débit et le crédit : l'un est de 6700 fr., et l'autre de 7000; leur différence (300 fr.) se porte à côté de la colonne des capitaux, dans la partie du débit, parce qu'il est plus faible que le crédit, et on la multiplie par le nombre des jours (305) écoulés du 31 décembre 1827 (première échéance du compte), au 1er novembre 1828 (époque de la clôture); ensuite on pose le produit (915) sur la même ligne, dans la colonne des intérêts.

Écrire dans la colonne des intérêts leur balance (5522), et sur la même ligne, dans la colonne des capitaux, leur produit (76,69) 76,69.

Poser enfin dans la colonne des capitaux leur balance (376,69), qui est le solde au 1er novembre 1828 (époque de la clôture).

## PRINCIPES.

La méthode est fondée sur ce que le résultat d'un compte ne change point lorsqu'on porte au débit des sommes égales à celles que l'on passe au crédit, et qu'il est indifférent d'écrire les produits de deux sommes inégales par le même nombre, ou de ne porter que le produit de la différence desdites sommes par ce nombre, du côté où le plus grand produit aurait dû être posé.

## RAISONNEMENT.

En considérant la première échéance comme le point de départ pour compter les intérêts depuis cette époque jusqu'à l'échéance de chaque somme capitale, il est évident que l'on fait entrer des intérêts fictifs dans le compte; car les intérêts réels ne courent que de cette échéance jusqu'à la date de la clôture.

Les intérêts fictifs qui ne dépassent pas la date de la clôture s'appellent *intérêts complémentaires*, parce qu'ils sont, pour les intérêts réels, le complément des intérêts de toute la durée du compte, depuis la première échéance jusqu'à l'époque où on l'arrête. ·

On appelle supplémentaires les intérêts fictifs comptés au delà de la clôture.

Si l'on prend pour intérêts du crédit les intérêts fictifs du débit, et réciproquement, on verra que les intérêts complémentaires se détruisent dès qu'on fait dans le compte les intérêts de la somme totale des capitaux du débit et de celle des capitaux du crédit, depuis la première échéance du compte jusqu'à la date de la clôture; car ceux-ci sont composés des intérêts réels et des intérêts complémentaires. Ces derniers, se trouvant donc au débit et au crédit, ne changent point le vrai résultat du compte.

Quant aux intérêts supplémentaires, il est évident que ceux qui proviennent du débit doivent entrer dans le crédit, et réciproquement; car le compte étant arrêté avant les échéances de leurs sommes capitales, il faut nécessairement, pour que le débiteur qui ne les doit pas réellement en fasse compte à dater de la clôture, qu'on les lui passe à son crédit, et c'est ce qui a lieu par la transformation des intérêts fictifs du débit en intérêts du crédit, et réciproquement. On raisonnera de même pour les intérêts supplémentaires provenant du crédit.

Le produit de la différence du débit au crédit par le nombre des jours écoulés depuis la première échéance du compte jusqu'à la date de la clôture, n'étant que le résultat des produits par ce nombre du total des capitaux du débit et de celui des capitaux du crédit, a le même effet que ces produits, en fesant évanouir les intérêts complémentaires, les seuls qu'on doit détruire pour obtenir le vrai résultat du compte.

*Nota*. Par cette méthode, simple et commode, on peut, sans connaître l'époque du règlement des comptes courants, en calculer les intérêts d'avance, les balancer en peu d'instants à une époque quelconque, et en remettre plusieurs à la fois.

Cette méthode peut aussi dispenser d'établir des comptes à l'encre rouge, lorsque des échéances dépassent l'époque du règlement; enfin les avantages que cette méthode procure, doivent la faire préférer à toute autre.

QUATRIÈME COMPTE COURANT,

Par échelle, lorsque le taux de l'intérêt est différent du Débit au Crédit.

M. Paul, de Marseille, s/c chez Pierre, de Lyon, réglé 31 Décembre 1829, à raison de 6 p. o/o
au débit, et de 5 p. o/o au crédit.

DOIT.      AVOIR,

| 1830 | | | | | 1830 | | | | |
|---|---|---|---|---|---|---|---|---|---|
| Juillet | 10 | 3000 | solde de compte | 31 juillet | Août | 5 | 2000 | s/n | 15 août. |
| Août | 20 | 3000 | m/envoi | 20 octob. | Septembre | 10 | 5000 | M T | 30 sept. |
| Octobre | 15 | 2000 | id. | 15 déc. | Novembre | 5 | 900 | payé pour M/c | 5 nov. |
| Décembre | 10 | 2000 | id. comptant | 10 déc. | Décembre | 20 | 2000 | s/envoi | 31 déc. |
| | | | | | | 31 | 2 25 | intérêt. | |
| | | | | | | | 97 75 | solde à nouveau. | |
| | | 10000 | | | | | 10000 | | |
| | 97 | 75 | débiteur 31 décemb. 1830. | | | | | | |

## COMPTE D'INTÉRÊT,

Par échelle, entre Paul, de Marseille, et Pierre, de Lyon, réglé 31 décembre 1830,
à raison de 6 p. o/o au débit, et 5 pour o/o au crédit.

| | | | | DÉBIT à 6 p. o/o. | CRÉDIT à 5 p. o/o. |
|---|---|---|---|---|---|
| Débit | 3000 | du 31 juillet au 15 août . . . . . . | 15 | 450 | |
| Crédit | 2000 | au 15 août. | | | |
| | 1000 | du 15 août au 30 septembre . . . . | 46 | 460 | |
| Crédit | 5000 | au 30 septembre. | | | |
| | 4000 | du 30 septembre au 20 octobre . . | 20 | | 800 |
| Débit | 3000 | au 20 octobre. | | | |
| | 1000 | du 20 octobre au 5 novembre. . . . | 16 | | 160 |
| Crédit | 900 | au 5 novembre. | | | |
| | 1900 | du 5 novembre au 10 décembre . . | 35 | | 665 |
| Débit | 2000 | au 10 décembre. | | | |
| | 100 | du 10 décembre au 15 décembre . . | 5 | 5 | |
| Débit | 2000 | au 15 décembre. | | | |
| | 1900 | du 15 décembre au 31 décembre. . | 16 | 304 | |
| Crédit | 2000 | au 31 décembre. | | | |
| | 100 | solde dont Paul est débiteur | | 1219 | 1625 |

Crédit, nombres 1625 à 5 p. o/o, diviseur 72,    22 f. 56 c.

Débit,        1219 à 6 p. o/o,    60,    20 51

2 25

Différence de fr. 2, 25, dont Paul, de Marseille, doit être crédité, attendu que le
crédit excède le débit.

On établit les comptes d'intérêts par échelle toutes les fois que le taux de l'intérêt n'est pas le même au débit comme au crédit.

Cette différence dépend de la volonté des parties contractantes, et paraît même toute naturelle; car celui qui n'a pas besoin de fonds, et qui peut devenir momentanément débiteur en compte courant, ne voudra pas être passible de l'intérêt à 6 p. 0/0 lorsqu'il peut se procurer des fonds au taux de 5 p. 0/0.

*Manière de régler le Compte d'intérêt par Échelle.*

Lorsqu'on a porté au débit comme au crédit du compte qu'on veut régler, les sommes capitales, ainsi que leurs échances, on doit ensuite opérer de la manière suivante pour trouver les intérêts, en portant la somme de la première échéance, qui est 3000, valeur au 31 juillet, et multiplier cette somme par quinze jours pour la réunir à l'échéance la plus rapprochée, qui est au 15 août. Alors ayant soustrait de 3000 la somme de 2000, il restera 1000 f. valeur au 15 août, attendu que les interêts, depuis le 31 juillet jusqu'au 15 août, ont été portés en nombre 450 dans la colonne du débit de Paul, puisqu'il est débiteur, et quand il deviendra créancier on les portera dans la colonne du crédit. On continuera les soustractions de la même manière, jusqu'à ce que toutes les sommes du débit et du crédit du compte aient été soustraites, et le résultat de toutes ces soustractions doit donner le même solde que doit présenter le compte des sommes capitales; ce qui est la preuve de la justesse de l'opération.

Enfin, l'on finira par additionner les deux colonnes des nombres fictifs, et l'on trouvera que la colonne du crédit présente le nombre 1625 qui, divisé par 72, nombre fixe de 5 p. 0/0, produit 22 f. 56, et que la colonne du débit présente à son tour le nombre 1219 qui, divisé aussi, mais par 60 seulement, nombre fixe de 6 p. 0/0, produit 20 f. 31; déduisant ce dernier produit du premier, on aura pour intérêt 2 f. 25 à porter au crédit de Paul, attendu que son crédit des intérêts est plus élevé que son débit, ensuite le compte se soldera comme les précédents.

## OBSERVATIONS.

Lorsqu'il se présentera des comptes où il y aura des échéances qui dépas-
seront l'époque de la clôture, dès lors on fera une seconde opération de toutes
les valeurs postérieures au réglement de compte, en commençant par la plus
longue échéance, et en suivant un ordre rétrograde jusqu'à la dernière, et
pour laquelle on comptera le nombre des jours qu'il y a depuis son échéance
jusqu'au jour de la clôture. Tous les nombres des jours de cette deuxième
opération étant des jours d'escompte, on placera les nombres fictifs des intérêts qui en résulteront dans leurs colonnes relatives, c'est-à-dire que, si
Paul est débiteur de f. 4000 au 30 janvier 1831, et que son compte soit
réglé au 31 décembre 1830, on lui doit l'escompte de 30 jours sur cette
somme; par conséquent le nombre fictif de l'intérêt sera porté dans la colonne
du crédit, et, dans le cas contraire, s'il est créancier, le nombre fictif sera
porté dans la colonne du débit, attendu que Paul devra naturellement l'intérêt
de 30 jours sur sa créance dont l'époque est plus rapprochée; mais, si les
valeurs se balançaient, on en calculerait les intérêts aux taux respectifs de
chaque intéressé.

Cette seconde opération étant terminée, on réduit les deux opérations en
une seule, soit par addition, soit par soustraction pour arriver au solde dé-
finitif, et ensuite la différence du débit et du crédit des intérêts sera portée
sur le compte des sommes capitales, soit au débit, soit au crédit, suivant
ce que présentera le résultat des intérêts.

## TITRE SIXIÈME.

# Méthode

**Pour trouver le Nombre de Jours servant à régler les Intérêts des Comptes courants.**

| JANVIER | FÉVRIER | MARS | AVRIL |
|---|---|---|---|
| 31 jours. | 28 jours. | 31 jours. | 3o jours. |
| 31 | 59 | 90 | 120 |
| MAI | JUIN | JUILLET | AOUT |
| 31 jours. | 3o jours. | 31 jours. | 31 jours. |
| 151 | 181 | 212 | 243 |
| SEPTEMBRE | OCTOBRE | NOVEMBRE | DÉCEMBRE |
| 3o jours. | 31 jours. | 3o jours. | 31 jours. |
| 273 | 304 | 334 | 365 |

### EXEMPLES :

*Du 31 janvier au 30 avril.*

Poser le chiffre qui est au dessous du mois d'avril. . . . . . . 120 jours.
Soustraire le chiffre du mois de janvier . . . . . . . . . . . . 31

Résultat. . . . . . . . . . . 89.

*Du 15 avril au 15 octobre.*

Poser le chiffre du mois de sept. 273, et 15 jours du mois d'oct. 288
Soustraire le chiffre du mois de mars 90, et 15 j. du mois d'avr. 105

Résultat. . . . . . . . . . . . . 183.

*Du 20 décembre au 30 juin.*

Du 20 au 31 décembre . . . . . . . . . . . . . . . . . . . . . 11
Poser le chiffre du mois de juin . . . . . . . . . . . . . . . 181

Résultat. . . . . . . . . . . 192.

*Nota.* Suivant l'article 132, la date court du lendemain de son échéance. A l'époque de l'année bissextile, on comptera le mois de février pour 29 jours.

### CERCLE INGÉNIEUX.

Pour faciliter encore le calcul du nombre des jours écoulés d'une date à une autre, on pourrait former un cercle, y indiquer, à la circonférence, les mois et leur division en jours, dans leur ordre naturel; inscrire un second cercle mobile et le diviser en 365 parties égales, mais numérotées de 0 à 364.

Pour avoir le nombre des jours écoulés depuis chaque échéance jusqu'à la date de la clôture du compte, on n'aura qu'à faire correspondre le zéro du cercle interne au jour de l'échéance, et les numéros de ce cercle répondant à l'époque de la clôture donneront le nombre de jours cherché.

L'avantage de ces cercles devrait par la briéveté et la sécurité du calcul les faire préférer à toute autre méthode; mais la grande dimension de ce tableau peu portatif, et qui deviendrait dispendieux, sera peut-être le seul obstacle à ce que cette méthode ingénieuse ne soit adoptée et mise en usage.

## TITRE SEPTIÈME.

# De l'Utilité des Comptes auxiliaires.

On entend par *comptes auxiliaires* ceux qu'on doit établir sur un grand livre pour plus de clarté dans les opérations, et pour obtenir un résultat plus certain sur la situation des quatre comptes généraux, qui sont :

Caisse,

Traites et remises,

Marchandises générales;

et Profits et pertes.

### 1º DE LA CAISSE.

Ce premier compte *de caisse* peut avoir pour compte auxiliaire celui de divers débiteurs et créditeurs au comptant, qui doit servir à contenir les écritures de toutes les ventes et achats, ou de toutes les négociations qui ne sont que payables ou recevables dans quelques jours; et qui ne peuvent, par anticipation, être portées à la caisse avant l'époque de la recette ou du paiement, parce que les articles de caisse doivent toujours être regardés comme écriture manuelle, c'est-à-dire qu'ils ne peuvent être couchés sur la caisse que lorsqu'on donne ou qu'on reçoit des espèces, et qu'il n'est pas de règle d'y passer des articles dont les espèces n'ont point été touchées. Or, en suivant ce principe, on opère régulièrement, et l'on est moins sujet à commettre des erreurs de caisse.

## 2° DES TRAITES ET REMISES.

Ce compte *de traites et remises* doit être allégé pour la clarté par les comptes *d'effets à payer*, et celui *d'acceptation*; ainsi, pour peu qu'on ait la moindre idée sur la tenue des livres, il sera facile de concevoir que si l'on souscrit ou qu'on accepte un effet, on ne peut en charger le compte de traites et remises, attendu qu'il n'est pas naturel que l'on commence à porter un effet au crédit avant d'avoir établi son entrée au débit. De cette manière, le compte de traites et remises ne contiendra plus que les effets qu'on reçoit ou que l'on prend, et qui sont sujets à supporter les pertes d'agio.

En suivant ce principe, on aura l'avantage de voir figurer sur un seul compte tous les effets à payer, et sur l'autre toutes les acceptations; seul moyen pour mieux connaître les engagements que l'on a contractés, et les acceptations auxquelles on doit faire honneur.

### 3° DES MARCHANDISES GÉNÉRALES.

Ce troisième compte, *de marchandises générales*, peut encore être, suivant le genre des opérations commerciales, allégé par des comptes auxiliaires auxquels on pourra donner le nom de l'opération dont il importera de connaître le résultat partiel, afin que l'on puisse continuer ou abandonner cette opération, si elle n'offrait pas l'avantage qu'on aurait lieu d'en attendre. De cette manière on peut connaître les bénéfices relatifs aux diverses opérations; ce qui serait difficile, si elles étaient toutes englobées dans le seul et même compte de marchandises générales. Ces divers comptes se soldent ordinairement à l'époque de l'inventaire par le compte de marchandises générales, dont ils sont censés faire partie.

Il faut encore observer que, pour ne pas avoir un résultat fictif sur les bénéfices du compte de marchandises générales, on doit porter au débit de ce compte tous les frais de transport, d'escompte, de rabais, de courtage, et enfin ceux de main-d'œuvre, s'il en existe, afin d'obtenir un résultat réel, dont on connaîtra l'indispensable utilité dans les observations du compte de profits et pertes.

#### 4° DU COMPTE DE PROFITS ET PERTES.

Ce quatrième et dernier compte, *de profits et pertes*, mérite un plus grand développement que les précédents, parce qu'il doit être la base des éclaircissements qu'a le droit de réclamer un commanditaire, et que doivent chercher des négociants pour leur satisfaction particulière.

Suivant l'ancien usage, et encore aujourd'hui, par vieille routine, le compte de profits et pertes se trouve chargé en détail des frais de transport des marchandises, des courtages, des escomptes, des rabais des agios, et enfin des frais de commerce, tels que patente, location, levée des associés, frais de voyage, appointement de commis, gage de domestique, et autres petits frais, ce qui apporte au compte de profits et pertes une multiplicité d'articles, et par conséquent une quantité de pages au grand-livre qui ne permettent pas d'avoir séparément un aperçu de ces différents déboursés ou dépenses ; ce qui empêche, si ces frais se trouvent trop élevés, de connaître précisément les dépenses, qu'on peut restreindre ou supprimer, afin de corriger un vice nuisible à l'intérêt du commerce.

Par conséquent on doit établir les trois comptes auxiliaires suivants :

Compte d'agios,

Compte de change,

et Compte de frais de commerce.

Le compte d'agios doit comprendre tous les agios ou les intérêts que l'on reçoit ou qu'on bonifie, soit par compte courant, soit pour dépôt, ou de toute autre manière.

Le compte de change, qui n'est en usage que chez les banquiers et les commissionnaires, ne comprend que les droits de provision ou de commission qui sont dûs, ou que l'on doit par compte courant, ou par compte de vente.

Enfin, quant au compte de frais de commerce qui est *indispensable et de rigueur*, il faut y porter les frais de patente, de location, de levée des associés, de voyage, d'appointement de commis, de gage de domestique, et autres petits frais de comptoir ; de cette manière, une maison de commerce pourra annuellement connaître, en ouvrant ces comptes, leur résultat respectif, et par conséquent réduire à l'avenir ses dépenses, si, par cas, un inventaire présentait des pertes.

D'après ce qui a été dit sur les quatre comptes généraux, il est aisé de concevoir que le compte de profits et pertes, sur le grand-livre, ne sera plus chargé d'une multiplicité d'articles, mais seulement d'un seul pour chacun des comptes généraux et auxiliaires, ce qui ne formera, avec le compte de profits et pertes annuels, que très peu d'articles, tant au débit qu'au crédit, sauf néanmoins les articles pour cas de déficit de caisse et de faillite, qui doivent y être portés directement.

Ainsi, en suivant cette méthode, on peut ; en donnant une copie littérale du compte de profits et pertes à un commanditaire, l'éclairer promptement et facilement sur les dépenses et sur les bénéfices du commerce ; ce qui serait très difficile en suivant l'ancien usage : par exemple, si l'on ne porte pas au compte de marchandises générales tous les frais qui le concernent, naturellement en soldant le compte, le bénéfice apparent sera beaucoup plus élevé que si ces frais y étaient portés ; d'ou il résultera que si ce compte présente 40000 f. de bénéfice et qu'en final réglement du compte de profits et pertes, on ne trouve que 6000 f., il existera indubitablement une différence sensible de 34000, dont on ne pourra au juste prouver l'emploi sans être obligé de faire des relevés à l'infini ; ce qui peut faire naître à un commanditaire les soupçons d'une gestion mauvaise ou vicieuse, et dont il serait difficile aux associés de se rendre compte.

## DU COMPTE DE PROFITS ET PERTES ANNUELS.

Ce compte a été établi pour solder celui de profits et pertes courants, et pour y réunir annuellement les bénéfices ou les pertes qui doivent, d'après les sages principes, y rester jusqu'à l'expiration de l'acte de société, ou jusqu'à celle d'une dissolutiou imprévue ; de cette manière, les fonds provenant annuellement des bénéfices y sont portés, et le négociant a l'avantage d'une augmentation de capitaux, et par conséquent une plus grande aisance dans les affaires ; ce qui serait bien différent, si ce compte n'existait pas, et qu'on portât chaque année au compte courant, libre et respectif de chaque associé sa portion dans les bénéfices ; ceci constituerait le commerce à payer de plus forts intérêts, et laisserait la faculté aux associés de retirer à volonté leur bénéfice : vice de convention qui n'est nullement tolérable, parce qu'on ôte au commerce les moyens d'augmenter ses capitaux, qui doivent naturellement faciliter ses opérations et lui accorder un plus grand crédit. Une autre raison beaucoup plus forte et à laquelle on n'attache pas toute l'importance qu'elle mérite, c'est que cet accroissement de capitaux peut souvent faire parer aux revers de fortune dont on ne serait pas exempt s'il n'existait pas.

# TITRE HUITIÈME.

# De la Règle à observer pour passer écriture des acceptations.

Art. 8. « Tout commerçant est tenu d'avoir un livre-journal qui présente, jour par jour, ses dettes actives et passives, les opérations de son commerce, ses négociations, acceptations ou endossements d'effet, et généralement tout ce qu'il reçoit et paie, à quelque titre que ce soit. »

Malgré cet article légal, et contre la règle et les vrais principes sur la tenue des livres à parties doubles, il est étonnant que la majeure partie des négociants qui acceptent une traite se bornent simplement à en faire prendre note sur un carnet, ou à en faire coucher l'époque du paiement sur un livre d'échéance; tandis qu'on doit strictement en passer écriture, attendu qu'une acceptation est un engagement formel par lequel on devient débiteur au temps fixé, sans considérer si le tireur fournit pour se rembourser, ou s'il devra en faire les fonds à l'échéance.

Cette irrégularité dans les écritures est encore pratiquée par un grand nombre de teneurs de livres, et même avancé par quelques auteurs modernes sur la tenue des livres; qu'en penser? Ils veulent donc ignorer que si l'époque du paiement des acceptations dépasse celle de l'inventaire, dès lors la situation de l'actif et du passif du bilan est faussée et illégale, comme ne contenant pas tous les débiteurs et tous les créanciers; ce qui peut induire en erreur une maison de commerce sur sa véritable position.

MANIÈRE DE PASSER LES ÉCRITURES.

Traite pour le compte du tiré.

*Delannay, de Troyes, doit à effets à payer pour s|t sur nous acceptée, 30 mai 2500. — Ordre Benoît et payable 31 juillet* . . . . . . . . . . . . . . . 2500

Traite pour le compte du tireur.

*Pascal, de Lyon, doit à acceptations pour s|t sur nous acceptée, 5 juillet, 4000.—Ordre Dominique André, au 30 sept.* 4000

Et si la maison met en circulation ses propres billets, on débitera celui qui les recevra par le compte d'effets à payer, et si elle les négocie, on débitera la caisse pour le compte d'effets à payer.

# TITRE NEUVIÈME.

# De la Rédaction d'une Feuille d'Inventaire.

Nous renvoyons ci-derrière un modèle d'inventaire général.

# INVENTAI

De tous nos effets, marchandises en nature, billets ou lettres de cha

coté A,

**ACTIF.**

| | | | |
|---|---|---:|---:|
| Caisse. . . . . . . | | 5 | 10000 |
| Traites et remises. . . . . | Dix effets . . . | 6 | 31500 |
| Marchandises générales. . . | | 7 | 62000 |
| Meubles et ustenciles. . . . | | 9 | 4500 |
| Broé frères . . . . . | de Genêve | 12 | 15000 |
| Duchesne. . . . . . . | de Grenoble . . . . | 13 | 6500 |
| Rougemont. . . . . . . | de Paris . . . . . . | 14 | 17000 |
| J. J. Rose. . . . . . | de Bordeaux . . . . . | 15 | 5000 |
| Divers débiteurs. . . . . | | 16 | 14500 |
| Débiteurs faillis. . . . . | | 17 | 2500 |
| | | | 168500 |

Nous, soussignés, certifions avoir vu et vérifié le présent inventaire,
*cents francs* , sauf erreurs ou omissions, par lequel il résulte que Dieu
auquel voulons que foi y soit ajoutée, comme contenant tous nos comptes

*Nota.* Les chiffres portés devant les sommes capitales sont les folios
grand-livre où sont ouverts les comptes.

TAI GÉNÉRAL

e chan dettes actives et passives de nous Giraud et Blatin, tirés de notre grand livre té A, le 31 décembre 1829.

PASSIF.

| | | | | |
|---|---|---|---|---|
| 000 | N/s Giraud | Compte de fonds. | 1 | 50000 |
| 500 | N/s Blatin | Idem. | 1 | 50000 |
| 000 | N/s Giraud | Compte courant obligé. | 2 | 20000 |
| 500 | N/s Giraud | Compte courant libre. | 3 | 15000 |
| 000 | N/s Blatin | Idem. | 4 | 9000 |
| 500 | Delessert et Cie N/c | de Paris. | 10 | 5500 |
| 000 | François Durand et fils | de Montpellier. | 11 | 8500 |
| 000 | Profits et pertes annuels | bén. de la présente année 1829. | 20 | 10500 |
| 00 | | | | |
| 00 | | | | |
| 00 | | | | 168500 |

tant, tant au débit qu'au crédit, à la somme de *cent soixante-huit mille cinq* a donné pour bénéfice et balance la somme de *dix mille cinq cents francs,* ères et véritables.

Fait double à Lyon, le 31 décembre 1829.

Giraud, Blatin.

## TITRE DIXIÈME.

# De l'Explication des Chiffres romains.

|  |  | Chiffres arabes. | Chiffres romains. |
|---|---|---|---|
| Un | | 1 | I |
| Deux | | 2 | II |
| Trois | | 3 | III |
| Quatre | | 4 | IV |
| Cinq | | 5 | V |
| Six | | 6 | VI |
| Sept | | 7 | VII |
| Huit | | 8 | VIII |
| Neuf | | 9 | IX |
| Dix | | 10 | X |
| Onze | | 11 | XI |
| Douze | | 12 | XII |
| Treize | | 13 | XIII |
| Quatorze | | 14 | XIV |
| Quinze | | 15 | XV |
| Seize | | 16 | XVI |
| Dix-sept | | 17 | XVII |
| Dix-huit | | 18 | XVIII |
| Dix-neuf | | 19 | XIX |
| Vingt | | 20 | XX |
| Trente | | 30 | XXX |
| Quarante | | 40 | XL |
| Cinquante | | 50 | L |
| Soixante | | 60 | LX |

|  | Chiffres arabes. | Chiffres romains. |
|---|---|---|
| Soixante-et-dix * | 70 | LXX |
| Quatre-vingts | 80 | LXXX |
| Quatre-vingt-dix | 90 | XC |
| Cent | 100 | C |
| Deux cents | 200 | CC |
| Trois cents | 300 | CCC |
| Quatre cents | 400 | CCCC |
| Cinq cents | 500 | D |
| Six cents | 600 | DC |
| Sept cents | 700 | DCC |
| Huit cents | 800 | DCCC |
| Neuf cents | 900 | DCCCC |
| Mille | 1000 | M ou CIƆ |
| Onze cents | 1100 | MC |
| Douze cents | 1200 | MCC |
| Treize cents | 1300 | MCCC |
| Quatorze cents | 1400 | MCCCC |
| Quinze cents | 1500 | MD |

* En Suisse et dans une grande partie de la France, on dit *septante*, *octante*, *nonante* ; ce qui est plus régulier.

L'invention des chiffres arabes est attribuée à l'infortuné Ebn-Moclach, qui fut fait visir à Bagdad l'an 316 de l'hégire, ou l'an 928 de notre ère, à qui l'on coupa (à cause de ses connaissances) la main droite et la langue, l'an 322 de l'hégire. Il termina sa vie en prison, l'an 338. Il fut enterré trois fois : la première, dans la prison ; la deuxième, dans le palais impérial ; et la troisième, dans sa maison, son corps ayant été remis à ses enfants.

Enfin, l'invention du calcul décimal est due à Régio-Montanus, astronome prussien, qui vivait dans le quinzième siècle.

# APPENDICE.

*

EXTRAIT DE LA LOI DU 24 MAI 1834.

*Droits d'Enregistrement et de Timbre.*

## LETTRES DE CHANGE ET BILLETS A ORDRE.

### Art. 18.

A compter du 1er janvier 1835, le droit proportionnel de timbre sur les lettres de change et billets à ordre, sur les billets et obligations non négociables, sera réduit ainsi qu'il suit :

à 25 c. au lieu de 35 c. pour ceux de 500 fr. et au dessous;

à 50 c. au lieu de 70 c. pour ceux au dessus de 500 fr. jusqu'à 1000 fr ;

à 50 c. par 1000 fr. au lieu de 70 c. pour ceux au dessus de 1000 fr.

Le décime pour franc ne sera point ajouté aux droits ainsi réduits.

### Art. 19.

L'amende due en cas de contravention aux lois sur le timbre proportionel, par le souscripteur d'une lettre de change ou d'un billet à ordre, d'un billet ou obligation non négociable, et qui était fixée au vingtième (cinq pour cent) du montant des sommes exprimées dans lesdits actes, est portée à six pour cent du montant des mêmes sommes. L'accepteur d'une lettre de change qui n'aura pas été sur papier du timbre prescrit, ou qui n'aura pas été visée pour timbre, sera soumis à une amende de même quotité, indépendamment de celle encourue par le souscripteur. A défaut d'accepteur, cette amende sera due par le premier endosseur.

Une amende semblable sera due par le premier endosseur d'un billet à ordre, et par le premier cessionnaire d'un billet ou obligation non négociable qui aura été souscrite en contravention aux lois sur le timbre.

### Art. 20.

Lorsqu'une lettre de change ou un billet à ordre venant, soit de l'étranger, soit des îles ou des colonies, dans lesquelles le timbre ne serait pas encore établi, aura été accepté ou négocié en France, avant d'avoir été soumis au timbre ou au visa pour timbre, l'accepteur et le premier endosseur résidant en France, seront tenus chacun d'une amende de six pour cent du montant de l'effet.

### Art. 21.

Aucune des amendes prononcées par les articles 19 et 20 ci-dessus, ne pourra être au dessous de cinq francs.

Les contrevenants seront solidaires pour le paiement du droit et des amendes, sauf le recours de celui qui en aura fait l'avance, pour ce qui ne sera pas à sa charge personnelle.

### Art. 22.

Les dispositions des articles 19, 20 et 21 ci-dessus concernant accepteurs et endosseurs, et l'augmentation de la quotité de l'amende, ne seront applicables que lorsqu'il s'agira d'effets, billets ou obligations souscrits à partir du 1er janvier 1835 ; à l'égard de ceux qui auront été souscrits antérieurement, les dispositions pénales des lois actuellement en vigueur continueront d'être observées.

## PROTÊTS.

### Art. 23.

A compter du jour de la publication de la présente loi, les actes de protêts par les notaires devront être enregistrés dans le même délai, et seront assujettis au même droit d'enregistrement que ceux faits par les huissiers.

Aucun notaire ou huissier ne pourra protester un effet négociable ou de commerce non écrit sur papier du timbre prescrit, ou non visé pour timbre, sous peine de supporter personnellement une amende de 20 pour chaque contravention ; il sera tenu, en outre, d'avancer le droit de timbre et les amendes encourues dans les cas déterminés par les articles 19, 20, 21 et 22 ci-dessus, sauf son recours sur les contrevenants.

L'article 13 de la loi du 16 juin 1824 est abrogé en ce qu'il peut contenir de contraire au présent article.

---

## EXTRAIT DU MONITEUR DU COMMERCE
*du jeudi* 24 *avril* 1834.

La Cour de Cassation (chambre civile) vient de décider affirmativement la question suivante, qui est importante pour le commerce :

« La condition du retour sans frais, apposée sur une lettre de change par « le tireur, dispense-t-elle le porteur, vis-à-vis des endosseurs, de la formalité « du protêt ? »

FIN.

# RÉPERTOIRE.

✳

## PREMIÈRE PARTIE.

### TITRE PREMIER.



### TITRE DEUXIÈME.



### TITRE TROISIÈME.



### TITRE QUATRIÈME.

TITRE DEUXIÈME.



TITRE TROISIÈME.



TITRE QUATRIÈME.



TITRE CINQUIÈME.



# TROISIÈME PARTIE.

TITRE PREMIER.



TITRE DEUXIÈME.



TITRE TROISIÈME.



TITRE QUATRIÈME.

## TITRE CINQUIÈME.



## TITRE SIXIÈME.



## TITRE SEPTIÈME.



## TITRE HUITIÈME.



## TITRE NEUVIÈME.



## TITRE DIXIÈME.

# APPENDICE.



FIN DU RÉPERTOIRE.